新特産シリーズ

ヤギ

取り入れ方と飼い方

乳肉毛皮の利用と除草の効果

萬田正治＝著

農文協

新特産シリーズ　ヤ　ギ——目次

はじめに

第一章　ヤギ復権の足音が聞こえる

第三章　ヤギ飼育の実際

第四章　乳・肉の加工・販売

はじめに

■ヤギ見直しの動き

周知のように、かつては全国各地で、約六七万頭にもおよぶ、たくさんのヤギが自家用として飼われ、愛らしい家畜として親しまれてきた。ところがその後、農業の近代化とともに日本の畜産は商品家畜としての牛、豚、鶏が主流となり、自給家畜としてのヤギは急速に減少し、現在ではわずか二万八五〇〇頭しか残っていない（第1図）。

しかし、ヤギは今でもアジア、中近東、アフリカなどの発展途上国では、たくさん飼われ、大切な家畜となっており、現在でも世界のヤギは増加の傾向にある。つまり、世界のヤギ飼育頭数は一九九六年現在、約六億七〇〇〇万頭で、一五年前より約一五パーセント増えている。減っているのは、わが国なのだ。このままでは日本列島からヤギが姿を消してしまい、「昔、日本にもヤギという家畜がいたらしい」などといわれ、幻の家畜となってしまう可能性もあった。

ところが、最近になって、ヤギを見直す動きが出てきている。国連食糧農業機関（FAO）では、世界的な二一世紀の食糧不足に備えて、ヤギやヒツジのような中小家畜の見直しが始まっている。日

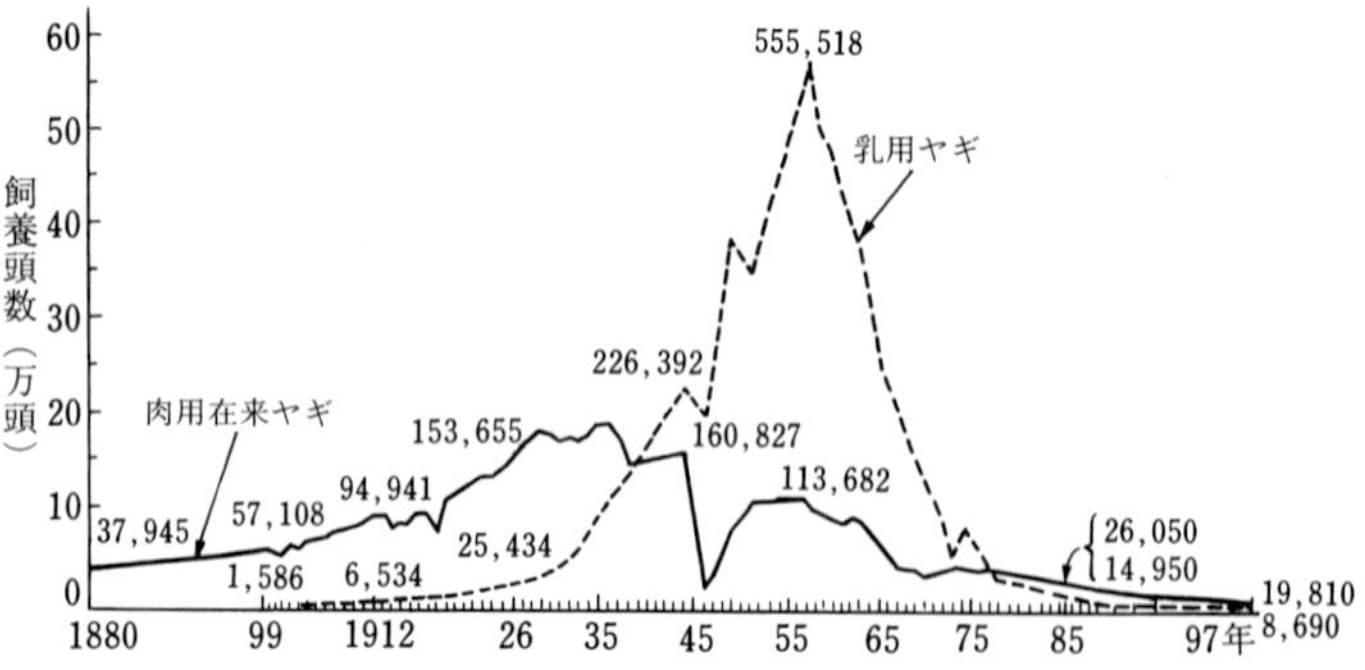

第１図　ヤギの飼養頭数の変遷

資料：農商務統計表（明治19～大正12年），農林水産省統計表（大正13～昭和63年），日本帝国統計年鑑（明治15～昭和15年）から作成

注：沖縄，鹿児島，長崎県を主要な肉用在来ヤギ地帯として集計し，他を乳用ヤギ地帯とした

本でも、一九九八年に「全国山羊サミット」が開かれ、延べ七〇〇人の人たちが集まって、熱心に討論・交流をくり広げた。きたるべき食糧危機に備えて、ヤギはエサが人間と競合しない家畜としても、注目する必要がある。

■ヤギが注目されている理由

日本大学生物資源科学部の長野實教授は、ヤギの利点として以下の六点をあげている。

①熱帯、寒帯、湿地帯、乾帯などに適応し、世界のどこでも飼える。

②牛に比べて小規模にできる。

③もと畜が安価。

④牧草から木、残渣まで幅広く食べる。

⑤おとなしくて管理しやすい。

⑥自家屠殺ができ、冷蔵設備がないところでも消費できるため、ヤギは世界的に役立っている。

■ヤギ一頭飼ってソンはない

このようなヤギのなんといってもすばらしいところは、もともと砂漠や不毛の地帯に生き続けた家畜だけに、粗食に耐え、辛抱強く、木の葉っぱも好むほど、どの家畜よりも食べる草の種類が豊富であるということだ。どんな過酷な条件下でも生きぬく力を持っている。飼料の利用性は牛よりもすぐれており、わが国の山野の草を有効利用するのに最も適した家畜だ。ほかにもヤギのよさはたくさんある。

一つはヤギミルクだ。ヤギミルクは母乳に近いため、栄養成分が豊富で、消化もよく、またアトピーの子供たちにもよいということで、健康食品としての注目が集まっている。古くからヤギ飼育地帯として知られる長野県はもちろんのこと、最近では茨城県、岩手県、宮崎県などの農村地帯で、ヤギ乳生産の動きがある。

二つには、ヤギ肉への関心の高まりがある。沖縄、奄美地方では昔から、健康食としてヤギ肉料理が定着しているし、それを本土のほうでも広げていきたいという動きがある。

三つには、ヤギの乳頭は人間の手で一握りするのにちょうどよい大きさで、しかも柔らかくて、乳牛よりも手搾りしやすい家畜であること。搾乳中も大変おとなしく、乳牛のように神経質にけったりするものはいない。まさに手搾り向きの家畜といえるだろう。

四つには、ヤギは小柄なために日本人の体格にも合っており、お年寄り、女性や子供など誰にでも飼える家畜であり、一般市民からの関心も高くなっていること。

五つには、ヤギは愛らしく、人なつっこいため、子供たちの人気が高く、保育園、幼稚園や小学校の教材として、命を大切にする教育に取り入れられていること。

六つには、土手、遊休地などの草刈り用として注目されてきていること。

七つには、ヤギの糞は固形の粒のため、大変取り扱いやすく、肥料効果も高く、自家用の菜園に向いていること。ドロドロの糞で悩む牛や豚に比べれば、畜産公害対策用の家畜ともいえそうだ。

このような最近の動きは、ヤギをこよなく愛してきた私ども関係者にとっては、誠にうれしいかぎりだ。

■ヤギ復活のとききたる

このようにみてくると、少し大げさかもしれないが、私にはヤギが日本農業を立ち直らせる救世主のように思えてくる。

低成長のさなか、ヤギの真価が再評価され始めたのか、ヤギを飼ってみたいという人が最近とみに増えているようだ。私たちの研究室にも、「ヤギを飼いたいがどうしたらよいか」という問い合わせの電話が多くなった。今の農協や普及所では要領を得ないためだろうか。獣医さんもあまり診てくれないということで、病気やお産のことまで問い合わせてくる人もいる。

「これでは〝ヤギのよろず相談所〟の看板でもかかげなければ」と、うれしい悲鳴をあげながら、ヤギの再来にひそかに闘志を燃やしている。

第一章

ヤギ復権の足音が聞こえる

一、女性や子供でも飼えるヤギ

(1) 健康を守る自家用家畜として

もともと人間にとって家畜には、用畜（乳・肉・卵といった食糧）、糞畜（肥料）、役畜（働く）という三つの役割があった。

しかし、戦後の農業の近代化により、現在の牛、豚、鶏の多頭飼育経営に代表されるように、食糧としての用畜のみに特化していった。したがって、今では家畜が排泄する糞尿を、黄金の土の源としてではなく、やっかいものとして捨てる（処理する）しかないと考える。また、今では家畜が人間のために働いてくれるよき伴侶とは、ほとんど期待されていない。これに対してヤギは、用畜だけではなく、糞畜や役畜としての期待もかけられている。

確かに農家の生活様式は変わり、現金も手っ取り早く手に入るようになっている今日、ヤギのような自家用家畜の復活を唱えることは、一見時代錯誤のように思われるかもしれない。しかし、ここでもう一度よく考えなおしてみる必要がある。農家自身の生活と健康を守るという点からみて、自給用の家畜を飼育して動物タンパク源を確保していくというヤギの役割は、もはや終わったとは私にはどうしても思えないからだ。

(2) 扱いやすく、教育効果も

「そんなことをいっても、農家も兼業や規模拡大に追われて忙しく、とてもヤギなどの自給用家畜を飼う余裕はない」――という反論がすぐ返ってきそうだ。けれども、やりようによってそれを実現させる条件が、わが国の農家の多くにはまだ十分にあるように思われてならない。

第一に、これらの自給用家畜を飼育する労力だ。経営主のこれ以上の労力過重を避ける必要があれば（またそうすべきだと思うが）、お年寄りや子供の労力をヤギなどの飼育にあてることができる。機械化で仕事のなくなっているお年寄りには励みにもなり、子供には生命の尊さや自然への関心、農業生産への理解を深めるなど、広く情操教育の点からも意義がある。

また、最初にもいったが、ヤギは日本人の体格に合っており、お年寄り、女性や子供など誰にでも飼える家畜であり、一般市民からの関心も高くなっている。

(3) 空き地、野原、土手があればOK

第二に、エサだ。それぞれの農業経営の副産物や、人家の周辺のあぜ草、河畔草、裏山の野草や樹葉など、利用されていない資源がまだ相当あるということだ。また、台所の残渣物も軽視できない。牛や豚を経営の中心にしている農家では、そのエサの余りものをヤギに回すこともできる。いずれにせよ、エサ代をかけないで飼う条件はあるのではないだろうか。

第三に、飼う場所だ。農家の庭先や周辺の空き地など、有効に利用されていないままの土地はまだ多く、ヤギを一～二頭、鶏を一〇羽とか豚一頭とかだったら、すぐにでも飼うことができるのではないだろうか。

ビタミンC	mg	1	5	
ナイアシン	mg	0.3	0.2	0.1
ビタミンB_2	mg	0.14	0.03	0.15
ビタミンB_1	mg	0.04	0.01	0.03
効力 ビタミンA	IU	120	170	110

ここで再度、飼いやすさの点から「今、なぜヤギなのか」を整理しておこう。

①熱帯、寒帯、湿地帯、乾帯などに適応し、世界のどこでも飼える。
②牛に比べて小規模にできる。
③もと畜が安価。
④牧草から木、残渣まで幅広く食べる。
⑤おとなしくて管理しやすい。
⑥自家屠殺ができ（ただし、わが国では保健所の許可が必要）、

第1表　ヤギ乳・人乳と牛乳の一般成分

食品名	水分	タンパク質	脂質	炭水化物	灰分	カルシウム	リン	鉄	ナトリウム	カリウム
単位	g	g	g	g	g	mg	mg	mg	mg	mg
ヤギ乳	88.0	3.1	3.6	4.5	0.8	120	90	0.1	35	220
人乳	88.0	1.1	3.5	7.2	0.2	27	14	0.1	15	48
普通牛乳	88.7	2.9	3.2	4.5	0.7	100	90	0.1	50	150

資料：四訂日本食品標準成分表

冷蔵設備がないところでも消費できる。

二、乳、肉、毛皮の利用

(1)　人間の母乳に一番近く飲みやすい

ヤギの乳は草だけからつくられるところに本来のよさがある。一日に二〜四キロ（一〜二升）の乳を生産し、一家族をまかなうのには十分な量だ。ヤギ乳は牛乳に比べて、きわめて良質なタンパク質を豊富に含み、消化のよい脂肪や乳糖、ビタミン、ミネラルなど、多くの栄養素を含んでいる（第1表）。人間の母乳に最も近いため、昔から子供の発育増進や老人の健康食として欠かせないものだった。

ヤギ乳の成分からみても、脂肪球が牛乳よりも小さいために、ホモゲナイズ（均質化）する必要がなく、原乳のまま飲んでも牛乳のように下痢をするようなことがない。臭いが気になる人

第2表　牛乳タンパク質とそのアレルゲン性

タンパク質	牛乳質中の%	分子量	アレルゲン性
カゼイン	80		＋＋＋
α_{s1}－カゼイン	30	23,600	＋＋＋
α_{s2}－カゼイン	9	25,200	＋
β－カゼイン	29	24,000	＋
κ－カゼイン	10	19,000	＋
γ－カゼイン	2	12,000	＋
乳清タンパク質	20		＋＋＋
α－ラクトアルブミン	4	14,200	＋＋
β－ラクトグロブリン	10	18,300	＋＋＋＋
血清アルブミン	1	66,300	＋＋
免疫グロブリン	2	160,000	＋＋

資料：上野川修一『食品アレルギー』講談社ブルーバックス，1992

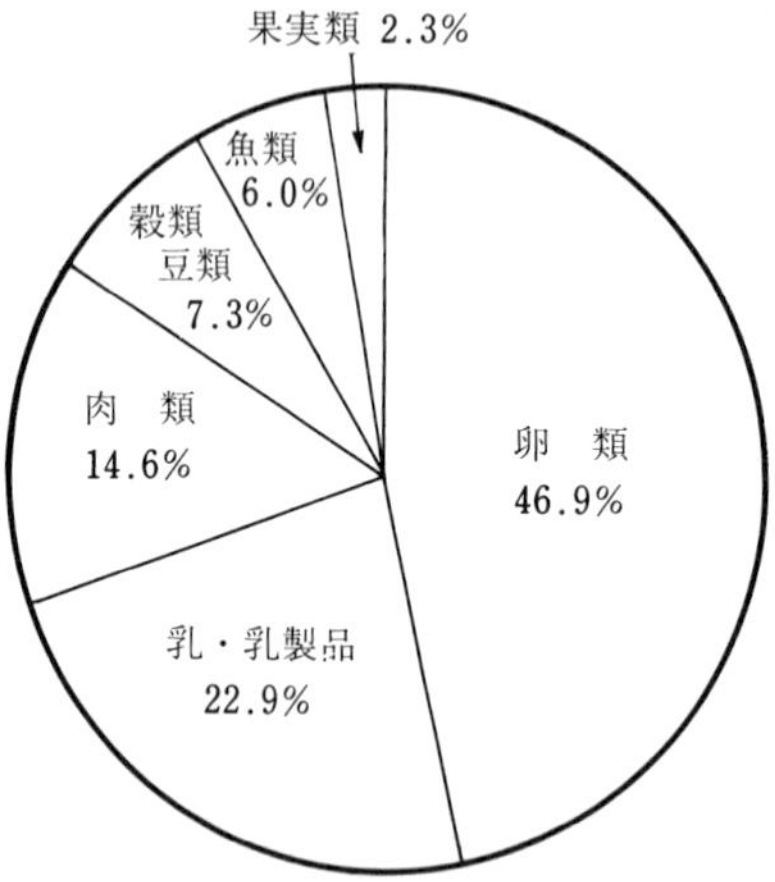

第2図　アレルギーの原因となる食品，その発症割合　（河原，1999）
資料：松田修『栄養免疫学』医歯薬出版，1996

は、コーヒーに入れてミルクコーヒーとしたり、蜂蜜やレモンを加えて飲めば、さらにおいしい。病人や乳幼児に与える場合は、果物や野菜といっしょにミキサーにかけてジュースとすれば、栄養満点になる。ヨーグルトも簡単にできる。

また、ヤギ乳の余りものは、子豚の哺乳や鶏の育雛用にも利用でき、補助的飼料として農業経営を有利にすることもできる。

(2) アレルギーが発生しにくい

ヤギ乳は母乳に近いため、栄養成分が豊富で、消化もよく、またアトピーの子供たちにもよいということで、健康食品としての注目が集まっている。特に牛乳アレルギーの原因物質（アレルゲン）（第2表、第2図）を含まないため、牛乳でアレルギーを起こす子供たちに評判がよい。

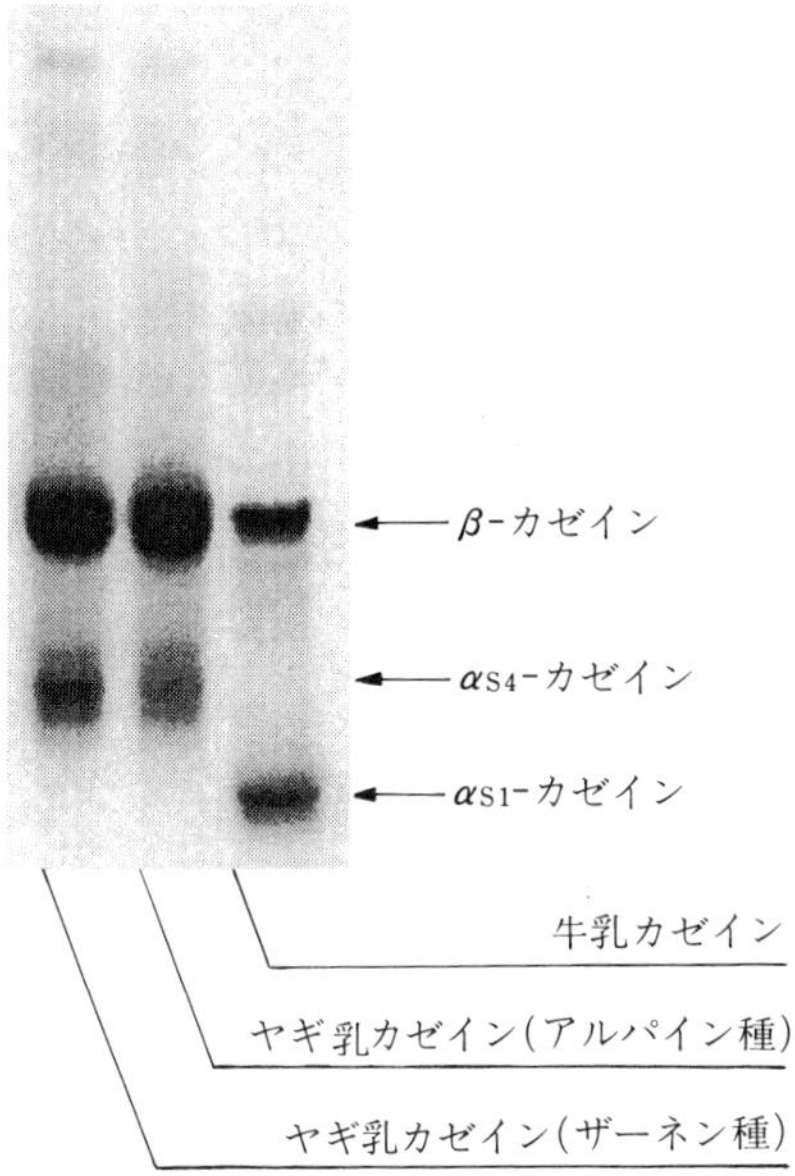

第3図　ヤギ乳と牛乳のカゼインのアルカリ性ポリアクリルアミド電気泳動図　（原図：河原聡）

電気泳動条件：尿素とメルカプトエタノールを含む。ヤギ乳には α_{S1}－カゼインが含まれていないことがわかる

実際に、宮崎大学農学部の河原聡先生が、「山羊乳の成分特性」として、「牛乳アレルギーの原因物質であるαS1―カゼインが、母乳とヤギ乳には含まれていないため、アレルギーは発生しないと思われる」と、分析結果にもとづいて報告

している。河原先生の報告を要約すると、次のようになる（『畜産の研究』第五三巻第九号）。

ヤギ乳カゼインには、αS1―カゼインが含有されていない（第3図）。……このことは、ヤギ乳タンパク質が牛乳アレルギー患者のB細胞が生産する抗牛乳αS1―カゼインIgE抗体との反応性を示唆するものである。これらのことから、αS1―カゼインをアレルゲンとする牛乳アレルギー患者向けの代替乳として、ヤギ乳は非常に有効であることが推測される。ヤギ乳は、ヒトの準必須アミノ酸に位置づけられているシステインの代謝物であるタウリン含量が高い（ヒトの母乳もまた高濃度のタウリンを含んでいる）。また、全体的なアミノ酸バランスにもすぐれたヤギ乳は、アレルギー患者にとって非常に良好なタンパク資源であると考えられる。

一方、もう一つの主要アレルゲンであるβ―ラクトグロブリンはヤギ乳中にもかなり多量に含有されている。……現在のところ、β―ラクトグロブリンをアレルゲンとするアレルギー患者のヤギ乳摂取については、その有効性の化学的な立証はされておらず、今後の研究の進展を期待しなければならない。

その後、さまざまなヤギ乳の効果について、各地から事例報告がなされている。たとえば、宮崎県山之口町の元酪農家・中村宣博氏は、現在取り組んでいるヤギ牧場で生産している「やぎみるく」の概要について報告している。それによれば、「ヤギの乳がアトピーの子供たちに評判がよく、また最近では糖尿病に悩む方々から、ヤギ乳を飲んでからは血糖値が低下したなどの朗報が相次いでいる」ということだ。

(3) 高品質のヨーグルト、チーズができる

フランスなどヨーロッパの諸国では、チーズのなかでもヤギチーズは高級食品として評判が高い。さらに、アメリカなど先進諸国では、赤ちゃんの母乳から粉ミルクへの移行期に、母乳に近いヤギ乳の粉ミルクを使う家庭が増えているという。

日本でも、ヤギ乳の加工生産に取り組む事例はけっこうある。たとえば茨城県水戸市農業公社・森のシェーブル館は「ヤギチーズ（シェーブル、カマンベール）」を、愛知県の設楽農学校は「ヤギミルクラスク」を、宮崎市のお菓子屋さん「お菓子の日高」はヤギ乳を原料としたお菓子類などをつくっている。

(4) 赤身で高風味の肉――沖縄、鹿児島県では健康食

①ヤギ肉は薬用にもなる

ヤギ肉を食べると、体がよく温まり、病気も治り、体力増強にもよいということで、奄美、沖縄地

方では昔から薬用としてヤギ肉を好んで食べてきた。ヤギは小柄なため、自家用に屠殺することも容易だ。

　ヤギ肉の栄養成分について第3表に示しておく。

　ヤギ汁として味噌味や塩味で食べ、ヤギ臭が気になる場合はヨモギやショウガを入れる。地方によっては夏の土用の日に、うなぎのかわりにヤギ汁を食べる風習もある。焼き肉や刺身としても賞味できる。ヤギ汁を肴に泡盛（沖縄の焼酎）を飲み、蛇皮線に合わせて手振り身振りよろしく陽気に踊る姿は、南の島の風物詩でもある。

成分

効力 ビタミンA	ビタミンB_1	ビタミンB_2	ナイアシン	ビタミンC
IU	mg	mg	mg	mg
10	0.07	0.28	6.7	1
33	0.13	0.22	4.3	1
55	0.06	0.16	4.0	2
27	0.77	0.24	4.8	2
17	0.10	1.10	12.0	2

②高まるヤギ肉への関心

　また、沖縄、奄美地方で健康食として定着しているヤギ肉料理を、本土のほうでも広げていきたいという動きがある。一方、沖縄では今でも根強いヤギ肉需要があるが、供給不足が続き、毎年四〇〇〇頭程度を県外から移入し、オーストラリアから約二〇

第3表 ヤギ・めん羊と和牛肉などの一般

食品名	水分	タンパク質	脂質	炭水化物	灰分	カルシウム	リン	鉄	ナトリウム	カリウム
単位	g	g	g	g	g	mg	mg	mg	mg	mg
ヤギ	69.0	19.5	10.3	0.2	1.0	7	170	3.8	45	310
めん羊	65.0	18.0	16.0	0.1	0.9	8	100	1.5	55	270
和牛	52.5	15.6	30.8	0.3	0.8	4	120	2.2	42	250
豚	60.0	16.4	22.6	0.2	0.8	6	130	1.2	40	260
若鶏	74.5	23.7	0.5	0.1	1.2	4	190	0.5	30	390

資料：四訂日本食品標準成分表
注：ヤギ肉は皮下脂肪を除いたもの。食塩相当量 0.1g
めん羊肉はラムロース。皮下脂肪を除いたもの。食塩相当量 0.1g
和牛肉は脂身14%。食塩相当量 0.1g
豚は大型種肩ロース脂身付き。脂身10%。食塩相当量 0.1g
若鶏はブロイラー

○トンの冷凍肉を輸入している。本土での廃用乳ヤギは、流通経路さえ整えば、沖縄でいくらでも消費が可能といえるだろう。

実際、ヤギ肉の利用について、鹿児島県十島村役場では、「県の事業により、昔から島に生息している島ヤギの活用をめざして、ヤギ牧場の建設に取りかかっており、当面、肉用に三〇〇頭程度の出荷をめざしている」という。

外国では、ヤギ肉はかなり普通に食べられているようだ。そのへんの事情について、日本大学生物資源科学部の長野實先生は次のようにいっている（『畜産の研究』第五三巻第二号）。

ヤギ肉は……地域によっては最も好ま

れる肉で、牛肉、豚肉、ヒツジ肉より価格が高い。たとえば、ネパールの例（一九九八年）では、一キロ当たりヤギ肉一八〇ルピー（一ルピーは約二円）に対して、豚肉一〇〇ルピー、水牛肉五〇ルピー程度であった（マレーシア、アフリカの一部、中東、インド、フィジー、ジャマイカ、パキスタン、インドネシアなどでも一番高い）。一般にヤギ肉は、豚忌避のイスラム教国（インドネシア、バングラデシュ、パキスタン、マレーシアなど）、聖牛ヒンズー教国（インド、ネパール）で高く評価されている。

(5) 高級な毛皮——毛はきわめて細く、光沢がある

現在の日本では、ヤギの毛皮は、沖縄、奄美地方の伝統的な郷土芸能で用いられる太鼓の皮として利用されている程度だ。

一方、南アフリカや中央アジアの山岳地帯では、モヘアを生産するアンゴラヤギやカシミヤヤギといった毛用種を使って、ヤギ毛生産が盛んに行なわれている。しかし、東南アジアや日本のような湿潤地域では、これらの乾燥地域と気候風土が異なるため、ヤギ毛生産の定着は困難と思われる。

皮生産は、アジアだけで世界の七〇パーセントを占め、肉生産と同じように中国、インド、パキスタンで多い。現在、東南アジアでは一万八一四三トンのヤギ皮が生産されているが、そのほとんどは

肉利用した後の副産物で、自給的性格が強い。中央アジア山岳地帯や西アジアの遊牧民にとっては、ヤギ皮は衣類や食糧の保存容器として生活上大切な資源になっている。

(6) 糞尿も貴重な肥料

第4図　ヤギの糞尿の堆肥利用
沖縄のヤギ生産者は固型の粒状のヤギ糞を袋に入れて，近辺の園芸農家に販売している

日本の南西諸島では、農耕地の地力維持にヤギを飼い、その糞を堆厩肥として利用している。特に人家から離れた傾斜地の多い果樹園などでは、園内にヤギ舎をもうけて採肥用に利用している。

長野實先生は、ヤギの糞尿は重要な肥料資源で、利用価値を持っているという（『畜産の研究』第五三巻第二号）（第4図）。

現代および将来に望ましい食品としては安全な「有機食品」があると思われるが、その重要な問題として化学物質や抗生物質などの削減がある。化学物質の一つである化学肥料も問題である。途上国農業に取り組んでいる国際家畜研究所のヤギの専門家は、ヤギの糞尿は一晩で一・六〜二・〇ドルの肥料分を供給するといっている。これは有機農業の一つの手段であり、農業生産者自らが、まず安全な食物を消費する必要がある。

三、注目される除草利用

(1) 驚くべき食草力

ヤギをロープにつないで放すと、一日にして杭を中心に、まるで草刈り機のように、円形状に草を見事に刈ってくれる。私は、かつてニュージーランドを訪ねた際、道路の路肩の雑草管理用に、ヒツジではなくヤギを放している光景を、しばしばみることができた。

また、千葉県睦沢町で造園業を営む鵜野沢さんは、処理に困るせん定枝をヤギの飼料として活用している。牧柵に沿って枝のまま積んでおくと、ヤギが勝手に引っ張り込み、小指ほどの太さの枝まで喜んで食べるそうだ。

このようにヤギは、荒涼な山岳地帯に生息していたこともあって、粗悪な草木類もよく食べ、その食草範囲がきわめて広いことから、あぜ路、土手、路傍や田畑周辺の草刈り用に利用する試みも始まっている。私自身もヤギ二頭をつなぎ飼いにして、隣の農家の協力を得て、宮崎県綾町で田畑周辺の雑草管理に用いている。

(2) 傾斜面や林間、耕作放棄地の〝生きた除草機〟

減反などで耕作放棄された農地にヤギを放して保全管理する試みも始まっている。四国の中山間地域では、急峻な山腹に広がる減反された棚田や段々畑にヤギを放し、農地が遊休地化することを防ぐ試みが、始まっている。

農水省の四国農試の試験報告によると、ヤギを休耕棚田に放したところ、柔らかい牧草よりも硬くて繊維の多い雑草を好み、除草がやっかいなクズ、ススキ、ギシギシ、ノイバラをよく食べ、一日で一頭当たり雑草を乾物量で二〜三キロ食べたという。また、ヤギの踏圧によって枯れる草もあり、それによる除草効果も期待できる。

このように、四国農試では、高知県土佐町で約八五アールの棚田跡地にヤギ一〇頭を放したが、四五度の急傾斜地でも楽々と歩き、草高が一メートル以上もあった雑草が五センチに、雑草の量も当初の五分の一〜一〇分の一にまで減ったという。

さらに、牛では重すぎて傾斜地などの法面《のりめん》を侵食する恐れがあるが、ヤギでは軽いためその心配もなく、機械も入りにくい中山間地の傾斜地放牧に最も適した家畜といえるだろう。まさにヤギは、生きた除草機でもあるのだ。

四、ヤギの教育力

(1) 教材に適したヤギ

ヤギは愛らしく、人なつっこいため、子供たちの人気が高く、保育園、幼稚園や小学校の教材として、命を大切にする教育に取り入れられている。

たとえば、情操教育の一環として、子供たちのためにトカラヤギを導入した熊本市の中九州学園画図幼稚園の後藤和文園長は、トカラヤギ導入後の園児たちの反応ぶりを克明に観察記録し、「子供たちは家に帰ると、お母さんにヤギのことを得意げに話したり、幼稚園内で子供同士のけんかが少なくなった」など、その教育的効果について、「全国山羊サミット」のなかで、感動的に報告している。

画図幼稚園での観察と研究は、園児と動物のふれあいについて、鹿児島大学の私の研究室と協同して取り組まれたものだ。以下の実践は、画図幼稚園長の後藤和文さんが、先生たちの感想文をもとにまとめたもの（『畜産の研究』第五三巻第七号。この本に載せるに当たって、文章に私の手を加えている)。

当時、画図幼稚園では、ヤギ一頭、ウコッケイ二羽、ウズラ二羽、ハムスター二匹、セキセイインコ八羽、ウサギ二羽を飼っていた。ヤギは鹿児島大学、阿蘇の牧場から借りたものを、「メリー」(トカラヤギ、雌)、「シェリー」(アルパインとザーネンの雑種、雌)、「シャリー」(トカラヤギ、雌)の三代にわたって飼い、シェリーは雄子ヤギの「アルプス」を産んでいる。

(2)　珍しさと驚きの体験から

▼ヤギがやってきた。まわりをぐるりと取り囲み、驚きの声をあげる、「怖い」といって逃げる、珍しそうに近くから眺める、遠くから傍観する、「おい、ヤギ」と声をかけるなど、さまざまに反応する子供たちの姿。教師は「見えない」と訴える子供を順番に抱き上げる〝肉体労働〟に追われる。そして、突然の出来事に動揺をかくしきれないヤギ。これからどんなことが起きるのか、みんな、わくわく。

▼私は、メリーが画図幼稚園にやってきたばかりのときは、動物園で珍しい動物を見るという感覚でした。たぶん、子供たちも初めはそうだったと思います。それが、一日一日、葉っぱを与えたり、声をかけ、眺めているうちに、変わっていきました。いつも近くにいる身近な存在、メリーになって

いたのです。

メリーが初めて自分の差し出した葉っぱを食べてくれたときのうれしさは、今でも覚えています。自分の働きかけに応じてくれたら、うれしいですよね。自分を認めてくれたような喜びがありました。こういう感動は、たとえ相手が動物であっても、人間であっても、同じなんだなと実感しました。私と同じく、子供たちも日々メリーと接するなかで、そうした感動――はっきりとしたものではなかったかもしれませんが――を覚え、何かしら心が動いたのではないでしょうか。

(3) がんばれる子供、成長する教師に

ヤギの名前はメリー――「メリー、かわいい名前だね」「ぼくはトーマスにしたかったのに」「メリーって、ヒツジの名前だよ」「ねえ、どうしてメリーになったの」。賛成、反対、疑問、いろんな意見が飛び交うなか、ヤギの名前はメリーに決定。

がんばれ! メリー!――興味津々の子供たち、砂だって石だってメリーを的に投げてみます。つながれて反撃できないメリー、教師はそのたびに助けに駆けつけ、子供たちとともに、メリーの気持ちを考えます。メリー! やんちゃ坊主に負けないで!

食べすぎに注意!――みんなメリーが好きになりました。園庭の木に登ってメリーのために葉っぱ

を取ります。おうちからも、ニンジン、キャベツ、リンゴ、たくさんのおみやげです。バスの先生だって、道の途中でバスを止めて、メリーのおみやげを取ってきます。画図幼稚園は、ヤギも先生たちも食欲旺盛。食べすぎ注意です！

メリーが見ているよ！――運動会の体操の練習。「体操したくない」と座りこむ子供。「後ろでメリーが見ているよ」、その一言で、頑張れます。教師は、ほっと安心。

メリーは大丈夫？――「雨が降ってきたよ。メリーは大丈夫？」「メリー、大きい声で鳴いてるよ。さびしいかな？」「あしたは、私、お休みだけど、メリーは大丈夫？」「メリー、こっち見てるよ。ぼくのお弁当ほしいのかな」「メリー寝ているね。シー」。メリーの気持ち知りたいな！

▼約一年間メリーとのかかわりあいがあって、いるのが当たり前という毎日の生活のなかで、私が子供たちにメリーが鹿児島に帰ると告げた瞬間、一人一人の子供たちの心のなかにさまざまな思いがかけめぐったようです。子供たちの口から自然にこんな言葉が出てきました。

「お父さんとお母さんが待ってるなら仕方ないね。ボクたちもお父さんやお母さんが待っていてくれるから、気持、よくわかる。でもね、メリー、もしやっぱり幼稚園に帰りたいなーと思ったら、そのロープを角で切ってでも戻っておいでよ。ボクたち待っているから。そうだよね！　先生！」と、涙ぐみながら私の手を強く握る。

こういうさまざまな子供たちのとても素直な言葉を耳にして、メリーがいなくなるという淋しい気持ちと、ここまで優しい気持ちに育っていってくれた子供たちの温かな心に、目頭が熱くなりました。

(4) 種付け、分娩、搾乳など生命の学習

▼幼稚園の子どもたちに惜しまれて、メリーが鹿児島に帰った後、今度は真っ白なヤギがきた。シェリーと名前のついたヤギは、やさしい顔をしていて、トカラヤギのメリーに慣れていたのですぐに仲よしになり、キャベツやリンゴなどをやったりしていた。

シェリーは妊娠していたので、赤ちゃんが生まれるのを、みんな楽しみにしていた。四月八日(始業式)一〇時一五分、出産。始業式を早めに切り上げ、子供たちはヤギのまわりに集まって、出産の様子を目の前で見ることができた。子供たちは、なかなか赤ちゃんが立てないので、どこからともなく「がんばれ、がんばれ」と声援が起こり、それが全体の声になって、立ち上がったときは拍手拍手で感動の一場面でした。

「どこから産まれたの?」「あのお尻の赤いひもは何?」と、やつぎ早に質問。「関心度、興味、探求心」、目の輝きが違いました。この感動が、幼稚園児時代の思い出として、いつまでも心に残ってほしいと思います。

▼始業式が終わったとたんに、アルプスが誕生しました。子供たちは「えーっ」という表情で一日散にヤギの小屋へ走り、誕生したてのまだ膜のはしっている状態のアルプスを目にしました。何度も立ち上がろうとしては、すべって転ぶアルプスに、私もがんばれという思いで見ていました。アルプスは日に日に成長していきました。最初は歯も生えておらず、チュウチュウと指を吸っていたのに、あるときから少しずつ堅いものが指に当たるようになり、今ではもうキャベツやレタスなどもモリモリ食べるようになりました。

「先生、ヤギさん、もうおっぱい飲んでないよ」など、毎日の様子を教えてくれる子供たちとともに、アルプスの成長を見ることができました。人間以外の動物とふれあうことで、得るものは一人ひとり内容は違っても、大きいものと思います。

(5)　ヤギを通じて「総合学習」

▼かつて、私たちのまわりには、いろいろな昆虫や動物がおり、自然がありました。やがて、都市化が進むにつれて、いろいろな虫や鳥たちと出会った森は切り開かれ、オタマジャクシやザリガニなどをつかまえた田んぼは埋め立てられて住宅地になり、魚釣りや川遊びをした川は汚染されてきました。身近な自然や動物たちが教えてくれることはたくさんあるのに、便利さや快適さを求めた人間中

心の生活様式は、子供たちを自然や動物からどんどん遠ざけていっています。

「心の教育」が叫ばれているなかで、今の子供たちに欠けているのは、自然体験だと思います。日の出や日の入りを見たことがないとか、川遊びや野外でキャンプをしたことがないとか、動物に触れたことがない子供たちが年々増えています。その反面、コンピューターやゲーム機などで遊ぶ時間が増える傾向にあります。

直接、動物などを通して生命に触れる体験をすることが、命あるものとそうでないものの区別を実感することになり、生命のすばらしさや尊さをつかみ、思いやりの心が育つことになると思います。ある先生は、長年の子供たちとのふれあいから、「生命を実感することで、子供が変わる。心のエネルギーが湧いてきて、ムカツキやキレることも治ってくる」と指摘されています。私も同感で、昨年からいろいろな動物を幼稚園に導入して、子供たちの変化を観察しています。

私は、生命のサイクルを子供たちに自然に体験してもらいたいと思っています。種子から芽が出て、きれいな花が咲き、花が枯れて、種が落ち、またその種から芽が出てくるといったこと、さらには動物の子が誕生して、母親の乳を飲んで育ち、大きくなってまた赤ちゃんを持って、新たな子が誕生するといったことなどです。また、生とともに死についても自然なかたちで体験させることが大切と思います。生物の死を通して、命は一回かぎりだということを感じることになります。リセットすればまた生き返るコンピューターとは大きな違いがあります。

アメリカの生物学者レイチェル・カーソンは、「子供たちの世界はいつもいきいきとして新鮮で美しく、驚きと感動に満ちあふれている」といっています。この驚きや感激の場や機会を親の考え方や価値観で子供たちから奪ってしまわないようにしたいものです。私は「感動体験」が、子供たちに大きな成長をもたらすと信じています。

二一世紀の教育に求められるのは、知識の伝授ではなく、教師の感動を伝えたり、感動を体験させうる教育だと思います。カーソンは「知ること」は「感じること」の半分も重要でないといっています。

▼まとめますと、ヤギをはじめ動物が子供にもたらすと思われる教育的効果は、次のようなことになるでしょう。

①動物の観察　心がなごむ、科学的発想、現実と仮想現実の区別。
②動物に関心を持つ　知る喜びや学ぶ楽しさ、人と他人の関わり合い。
③毎日の世話　持続力、忍耐力、観察力、責任感、愛情。
④かわいい、かわいそう　優しさ、思いやり。
⑤動物の温もり　生きていること。

⑥動物の死　嘆きや悲しみ、命の尊さ。
⑦分娩　生命の誕生、驚きや感動。
⑧哺乳や子育て　親と子の関係。
⑨家畜→生産物（肉、乳、卵、毛など）、感謝の気持ち。

第二章

ヤギの取り入れ方

一、初めて取り入れるときのポイント

(1) 乳用ヤギの導入

もうすでにヤギを飼っている人はいいが、新しく始める人がまずぶつかる問題は、ヤギの導入についてだ。できるだけ信用のあるところから導入するのがよく、そのためには、できるかぎり近所で間に合わせるのがよい。しかし、乳用ヤギが激減した今、身近に求めるのもむずかしい状況にある。もし遠方に注文しなければならない場合は、現地へ出かけて実物をみて決めるのが望ましいが、それもむずかしければ各市町村の役場、農協の畜産係を経て共同購入せざるをえないだろう。

なお、梅雨期や夏季の輸送は避け、冷涼な季節に輸送するほうが望ましい。購入ヤギは、すでに妊娠した未経産ヤギであれば、間もなく子供もとれ、ヤギ乳も飲めるので、楽しみは格別だ。

(2) 肉用ヤギの導入

乳用ヤギとほぼ同じだが、特に肉用ヤギの場合は、沖縄、奄美地方であれば比較的容易に導入することができる。当地以外では、長野県にみられるように、乳用ザーネン種による肉生産を試みるほうが現実的だ。もし当地から肉用ヤギを導入する際には、暑熱に弱いため夏季の購入は極力避けたい。

(3) 飼いやすい品種を選ぶ

ヤギの場合、「品種を選ぶ」というより、「地域で飼いやすいヤギを選んだら、この品種になった」という具合に、とにかく飼いやすい品種を選ぶことが重要だ。

その点で、日本で古くから飼われてきた品種、日本の在来ヤギが飼いやすい。乳用であれば日本ザーネン種がある。肉用であれば、もともとは乳用であった日本ザーネン種を、肉生産に用いることができる。また、沖縄県、奄美地方、長崎県などには、肉用のトカラヤギ、シバヤギなどと呼ばれる在来種がいる。

どうしても純血の種ヤギを入手したいと思う場合は、どうすればよいか。血統書つきの優良な種雄ヤギは農水省家畜改良センター長野牧場で飼育されている。また、防疫協定が取り交わされている国であれば、海外からの輸入もできる。なお、世界には実にさまざまな品種がいるが、それらについては「世界と日本、多様な品種」の項（一三六ページ）を参照願いたい。

二、ヤギ小屋の設置

(1) 暑気、湿気を非常に嫌う

ヤギは乾燥地を好み、低湿地を非常に嫌う。また、前方に水たまりでもあると、前足をつっぱってテコでも動かなくなるほど雨露を嫌い、昔から「ヤギが鳴けば雨が降る」といわれるほどだ。したがって、この習性をよく念頭において飼うこと。

ヤギ舎内、運動場などの排水は良好にし、つねに乾燥状態に保つよう心がけ、また運動場内に雨よけの差しかけをつくるとなおよい。

(2) ぬれたり土のついている餌は好まない

ヤギは水分代謝の回転速度が遅く(ラクダに近い)、体温調節のための蒸散量が少なく、糞の水分含量も少ないことから、水分の排泄を著しく抑えることができる。そのため、水分要求量が少なく、一度十分な水を摂取すると数日間は水がなくても生きていられる。

また、低湿地を嫌い、乾燥を好むため、舎飼いの場合は湿気対策を必要とする。

こうした点から、雨露にぬれたエサは与えないほうがよい。それだけでなく、雨露にぬれないような、飼槽や草架を工夫する。

ヤギは清潔癖で、地面に落ちた飼料や汚れたものは食べない習性がある。また、同じ飼料に飽きやすい半面、急に変わった飼料を与えると、初めはなかなか食べないことがある。したがって、飼槽や草架を飼料の落ちこぼれがない構造に工夫すること、数種類の飼料を組み合わせて飽きないように給与することが大切だ。

第5図　高床式にして湿気を防いでいるヤギ小屋

(3)　ヤギ小屋は風通しと排水のよいところに

ヤギは一般に寒さには強いが、暑さと湿気には弱い。これを考慮に入れて、ヤギ舎の場所と位置を決めることが大切だ。一日中日光が直射して蒸し暑く、風通しも悪くて湿気の多いところは極力避ける。ヤギ舎の構造は、夏涼しく冬は暖かくなるように工夫すること。そのためには、たとえば冬は舎内に日光が差し込んでも、夏は直射が入らないようにすることを心がける。

床にも湿気を避けるための工夫が必要。たとえば、舎内の床は周囲より少し高めに土盛りをしたり、尿が流出しやすいように適当な勾配をつけたり、あるいは板材や竹材を用いてスノコ床にしたりして、常に床が乾燥するように心がける（第5図）。コンクリート床は、ひんぱんに水洗いする必要があり、尿や水で常に湿っていることが多いので、ヤギの生理上避けたい。

風通しをよくするため、暖地ではヤギ舎の四方を金網張りにするとよく、しかも網目を細かくすると夏季の蚊の侵入を防ぎ、腰麻痺（蚊が媒介する）対策にもなる。寒地では厳寒対策を第一に、四方を板張りにするほうが無難だ。屋根はヤギが背伸びしても届かない程度の高さにし、材料はトタン、スレート、合成樹脂（タキロン）などで十分だ。

(4) 小屋づくりの実際

以上の暑気・湿気、餌、風通し・排水のほかに、できれば水まわり、糞尿処理、周囲への臭い対策を講じたうえで、小屋づくりにとりかかる。

①ヤギ舎

一～二頭のヤギを自家用に飼う場合には、できるだけ施設費などの経費は節約すべきだ。したがってヤギ舎は、特に新築する必要はなく、納屋や物置を改造するか、軒下の一部を利用した差しかけ程度のものでもよい。沖縄、奄美地方ではガジュマルの樹陰を利用するのも一計だ。

ヤギ舎の広さは一頭当たり一坪（約三・三平方メートル）もあれば十分だが、一～二頭の子ヤギが生まれることを考慮すれば、二室に仕切れるぐらいの面積（一～二坪）を確保しておくと便利だ。

ヤギを多頭飼育する場合は、ヤギ舎の新築も必要となる（第6図）。群飼方式にするか個体管理方式にするかによって、ヤギ舎の構造が異なってくることはいうまでもない。

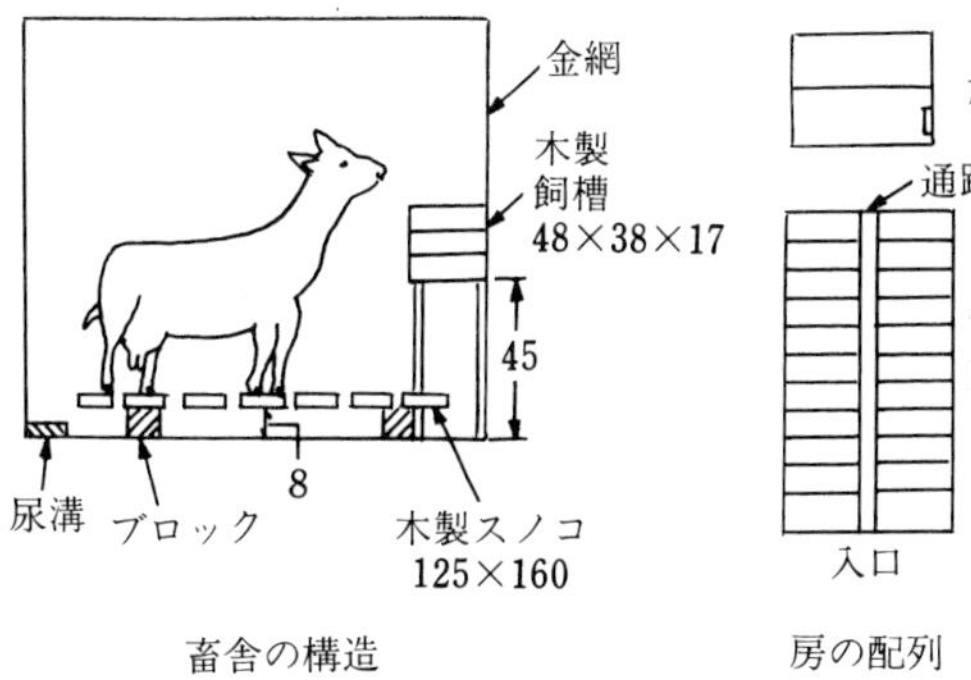

第6図　日本ザーネン種（搾乳）22頭の畜舎
（単位：cm）（笹山，1979）
注：沖縄県名護市・大城清光さんの例

②運動場とその他の付属施設

運動場　自由に運動と日光浴ができるように、ヤギ舎の周辺に運動場を設けたほうがよい。面積は一頭当たり七～八平方メートルで十分。運動場の外回りは、一～一・二メートルの高さに金網を張るか、竹または材木でヤギの頭が出ない程度の幅で柵を設ける。

運動場内の排水をよくするため、中央付近を土盛りして高くするとなおよい。ヤギ舎の入口と運動場は直結させ、いつでも自由に出入りできるようにしておくと省力的だ。また、真夏の暑熱を防ぐために、落葉樹などを運動場周辺に植えつけておくと理想的。ブドウ、イチジク、ウメ、カキ、オウトウなどの果樹を植えれば一石二鳥となり、楽しみが倍加する。

飼槽と水入れ　飼槽は木箱、ドラム缶、土管、コンクリート製、バケツ、ポリ容器など、身近な廃物利用でよい。ヤギは、飼料を引っ張り出して地面に踏みつけ、しかも、いったん汚れた飼料は食べない習性がある。飼槽はこのことを考慮に入れて工夫する。

したがって、位置は床上に直接おくよりも、ヤギの首の高さかあるいはそれ以上の高さにおき、前肢を台に乗せて後肢で伸び上がって食べる式にしたほうが、飼料を無駄にする割合が少ない。あるいは第7図のように、首をいったんつっこむと容易には抜けないような格子式にするのもよい。

水入れは適当な廃物利用のものでよいが、糞尿が入らないような位置に設置する。

草架　主に乾草や稲わらの給与に用いるが、ヤギの場合は牛よりも飼料を外に引っ張り出す率が多く、必ずしもよい給与法とは思えない。むしろカッターで細かく切り、飼槽に投げ入れて給与したほうがよい。やむをえず草架を使用する際には、草架の下方に受け皿を設置し、落ちこぼれる飼料を拾えるような工夫をする。

遊び台　ヤギは高所を好む習性がある。運動場の中央に高さ六〇〜七〇センチの木製の高台をおくか、ブロック、岩石などで積み上げた岩山を設けるとよい。

搾乳枠台　乳用ヤギの搾乳は、慣れると飼料を与えておくだけで、自由に、どこででもできる。第8図に示すような搾乳専用の枠台を用いると、搾乳者は座って作業が行なえるので、なお楽で便利だ。

第7図　ヤギ用の飼槽
首をいったんつっこむと容易には抜けないようになっている。写真は2階建ての多頭飼育舎（沖縄県）

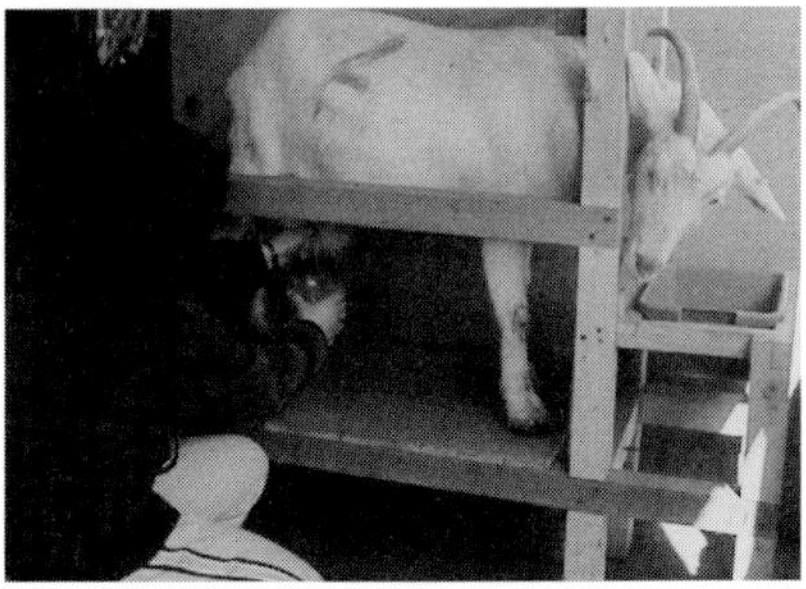

第8図　搾乳枠台

三、ヤギの飼料とその確保

(1) おさえておきたいヤギの栄養と飼養標準

ヤギは体の維持、成長、妊娠、泌乳などのために多くの栄養分を必要とする。これらはタンパク質、炭水化物(可溶性無窒素物、粗繊維)、脂肪、ビタミン、ミネラルで、五大栄養素といわれる。

炭水化物と脂肪は、ヤギが生産したり活動したりするためのエネルギー源になり、タンパク質は動物の体の重要成分で、筋肉、皮、血液、乳、組織などの主成分になる。ビタミンとミネラルは骨や血液をつくり、新陳代謝を円滑にはこぶために必要な栄養素だ。したがって、給与する飼料成分の内容が不均衡だと、生産能力をフルに発揮することができず、各種の栄養障害を起こすことになる。

飼養標準は、飼料の給与量を合理化するために定められたもので、いろいろな家畜について種々の試験結果にもとづいて決定されている。しかし、ヤギの飼養標準として示されたものはない。乳用ヤギについて斎藤(一九四九)、NRC(アメリカ合衆国)によって算出された一案を紹介する(第4表、第5表)。これを基礎に、過不足のないように飼料を給与する。

(2) ヤギの好きな餌、与えると危ない草

①なんでも食べるが一種類にしない

ヤギは多種多様の草木類、種実類、わら類、農場残滓類、農産加工粕類などを食べ、これらのほとんどがよい飼料となる。しかし、ヤギは一種類の飼料に飽きやすいので、できるだけ多くの種類を与えるほうがよい。ヤギの嗜好性の高い草木類の飼料を第6表に紹介する。

ヤギは樹葉の嗜好性が強く、特に広葉樹では新芽、若枝、あるいは樹皮まで食べる習性がある。

一般に低水分のものを好み、高水分の青草類はあまり好まない。青草類だけを給与すると、糞が軟便になり、ときには下痢症を起こしてしまう。したがって、飼料

第4表　乳用ヤギの飼養標準　(斎藤，1947)

区　分	固形物(kg)	可消化粗蛋白質(g)	澱粉価(g)	栄養比
維持飼料(体重100kg当たり)	2.5	100	900	1：9
産乳飼料(1kg当たり)	0.3〜0.7	50	250	1：5

第5表　ヤギの飼養標準
(2) 維持に要する栄養価
(NRCの飼養標準)

体重(kg)	TDN(g)	DCP(g)
10	159	15
20	267	26
30	362	35
40	448	43
50	530	51
60	608	59
70	682	66
80	754	73
90	824	80
100	891	86

第6表　ヤギが好む飼料

野　　草	ヨモギ，レンゲ，ウマゴヤシ，ハギ，イタドリ，ツルマメ，タデ，アカザ，クズ，野エンドウ，スギナ，ツワブキ，ニガナ，タンポポ，メヒシバ
樹　　葉	クリ，カキ，クヌギ，カシ，シイ，ビワ，マテバシイ，アカシヤ，ケヤキ，ヤナギ，ポプラ，ブナ，ナラ，ホオノキ，ブドウ，ノイバラ，ウメ，モモ，サクラ，ナシ，カイドウ，茶，ミカン，グミ，ヤマハンノキ，ダケカンバ，アケビ，コブシ，ナンキンハゼ，イタチハギ，ハイビスカス
飼料作物	クローバ，いもづる，ジャガイモ茎葉，アルファルファ，イタリアンライグラス，チモシー，オーチャードグラス，トウモロコシ

第7表　ヤギに有毒な植物

アセビ，エニシダ，ドクニンジン，ドクゼリ，レンゲツツジ，トリカブト，ミソナオシ，シャクナゲ，ハナヒリノキ，キンポウゲ，トウゴマ，ネジキ，キョウチクトウ，ミツマタ，ナガハタバコ，マルハタバコ，ジギタリス，ヒナゲシ，イチイ，シキミ，ナンテン，ドクウツギ，タガラシ，ウマノスズクサ，ハシリドコロ，イケマ，レイジンソウなど

はみずみずしい青草類を豊富に与えるよりも、半乾きのものか、乾草類として与えるほうがよい。山野の樹葉をときどき補給できればなおよい。

②ヤギに有毒な植物

ヤギはあらゆる種類の山野草を食べるが、毒草はめったに口にしない。しかし、長く舎飼いし、ときたま野外につれ出した場合は、毒草を採食し、下痢、嘔吐、苦悶などの中毒症状を示し、場合によっては悶死することもある。毒性の強弱はヤギの体質や毒草の種類にもよるが、空腹時の毒草の害は、満腹時よりもはるかに大きいのが普通だ。ヤギに有毒な植物を第7表に示すので、注意する。

四、自家用から販売用まで成功の条件

(1) ヤギ乳生産の場合

①自家消費型のヤギ乳生産　乳の自家利用はもちろん、糞の利用も考えられる。一般家庭では、ヤギ乳の飲用・加工、菜園への肥料の利用、また病人や子供の体力増強のため、家族全員で楽しめる、最も現実的で実現可能な経営だろう。

②子ヤギ生産型の経営　乳用ヤギの子取りを目的に、ヤギの繁殖、育成、販売に重点をおく経営。販売先はヤギの飼育地帯だから、よい個体をそろえる必要がある。

③ヤギ乳販売型の経営　現在、ヤギ乳の商品化の条件は整っているとはいえないので、よく吟味し、慎重に取り組む必要がある。当面は生産―処理―販売までの一貫経営が現実的だろう。たとえば、沖縄県名護市の大城清光さんの経営（搾乳ヤギ二二頭）をみると、周囲にヤギ乳の消費拡大の見込みがあることが経営の前提になっている。そのため、一般にヤギ乳販売型は都市近郊型の経営になる。

(2) ヤギ乳生産を成功させるために

①自給生産の場合　自給的なヤギ乳生産が定着するためには、まず第一に飼料が確保できるかどうかが重要なポイントになる。つまり、耕種部門の副産物、台所の残滓、野草、樹葉などの自家飼料が身近に十分にあるかどうかが条件になる。第二に、ヤギを飼うための土地の余裕があるかどうか（庭先などで十分）。第三に、ヤギを飼育管理するための労働力が確保されるかどうか（老人、婦人、子供を含めて）だ。このような条件は、今の農家はもちろん、都市住民でも十分に可能なものだ。

②商品生産型の場合　ヤギ乳を商品として生産する場合には、売るためにつくるのだから、市場が受け入れるだけの商品でなければならない。ヤギ乳を生産しても、残念ながら今の日本では商品化の条件はまだそろっていないので、販路拡大のための努力が必要になる。

社会的、経済的な面では、

①まず、ヤギ乳の生産量そのものが少ないことがあげられる。

②また、食品衛生法にもとづく処理施設を必要とするため、多額の資本がかかること。

③飼養規模が一～二頭のため、集乳が広い範囲にわたって、容易でないこと。

④ヤギ乳特有の臭いがあるため、消費者に好まれない面もあること。

⑤もちろん、ヤギ乳が商品として市場にあまり出回っていなかったので、一般消費者の間に親しまれていないことも大きな制約となっている。

技術的な面では、

①まず、ヤギが季節的に繁殖する動物のため（春に分娩）、ヤギ乳の生産にも季節的な変動があり（夏に過剰、冬に不足）、年間を通して変わらない消費量に対応することがむずかしいこと。

②また、泌乳量が少なく、乳期も短くて、乳牛に比べて搾乳の作業能率が劣ること。

③ヤギは社会的順位性が強く、個体間の争いが激しい。そのため、集団管理がむずかしく、多頭化が困難であること。

④ヤギ乳を製品化する場合、脂肪球が小さいためクリームの分離が十分でなく、バターへの加工に困難な点があること。

などがある。このように、ヤギ乳を商品化することには、それなりの苦労が多い。ヤギ乳の市乳販売による商品生産を定着させるためには、これらの経済的、技術的な諸点を克服する必要がある。

(3)　ヤギ肉生産の場合

①**自家消費型のヤギ肉生産**　農繁期の体力増強、病気の人、体の弱い人の薬用、お祝いごとの料理

などを目的に、一～二頭のヤギを自家生産する。もちろん、糞は肥料に活用できる。現在、この飼い方は沖縄、奄美地方で最も普通にみられる。

②子ヤギ生産型の経営　肉用ヤギの子取りを目的に、繁殖、育成、販売に重点をおく経営。販売先は肉用ヤギの生産地帯だから、発育のよい、産肉性に富む、優良個体を取りそろえていく必要がある。

③肉用ヤギ生産型の経営　肉用ヤギを肥育して、消費地に向けて出荷・販売する。そのため、素ヤギの導入と肥育ヤギの出荷・販売のルートの確立が必要になる。販売ルートの面では、ヤギ肉料理店と直接取引きしている例がかなりある。肉用牛のような濃厚飼料の多給方式は経営的にみて不利だから、粗飼料主体に飼うのが賢明だろう。

④ヤギ肉販売型の経営　ヤギ肉を直接加工・料理して、ヤギ肉料理店を自分で経営する方式。このやり方は、肉用ヤギの生産から販売まで行なう一貫経営直売方式と、ヤギ肉を契約取引きするか家畜商を通して調達する料理店専業方式とに大別される。主に消費地の沖縄、奄美地方にかぎられる経営形態だが、新天地で積極的に消費拡大をめざそうとする経営も望まれる。

(4)　ヤギ肉生産を成功させるために

①自給生産の場合　ヤギ肉の自家利用が定着する条件は、乳用ヤギの場合とほぼ同じだ。ただし、

肉の場合は克服しなければならない条件がある。今、「屠畜場法」が改正されて、ヤギ、ヒツジ、豚の自家屠殺は認められている。ところが、厚生省の定めるところにしたがい、獣医師の診断書を添えて屠殺申請の手続きを、保健所を通じて行なわなければならないという煩雑さがある。また、工場、会社、組合などの自家屠殺は原則として認められていない。

②商品生産型の場合　今日では、ヤギ肉を商品化する条件はかなりあると思われる。ただし、今のところ消費地が主に沖縄、奄美地方にかぎられているため、当地以外でヤギ肉の生産・販売をしようとすれば、出荷ルートの確立が前提となる。現地のヤギ肉料理店などとの契約生産をめざすのも一計だろう。また、消費地が遠距離のため、輸送経費が高くつく。そのため、たとえばトラック一台分の頭数を一括出荷したり、肉用ヤギの生産頭数が小規模の場合には生産者間の組織化によって共同出荷するほうがよい。

長期的には消費の拡大をはかる必要がある。その際、ヤギ肉特有の臭いがあるため、一般消費者には好まれない面もあるから、臭いを消すための料理・加工法を工夫することも必要になる。また、人間の嗜好には慣れが大きく影響する面もあるので、根気よく普及・宣伝に努めることも必要だろう。

(5) 各地でがんばる経営の事例

実際に経営としてヤギ乳やヤギ肉の生産に取り組もうとすると、ヤギが今のように認められなくなってきた歴史とも関連して、いろいろな困難も多い。しかし、そんな困難を逆手にとって、各地でがんばっている経営も多い。「どうしたら、経営がうまくいくだろうか」ということから、各地の事例を数例だけ、簡単にみてみたい。

①一～二頭飼いから多頭飼育まで

ヤギを自家用として二十数年来飼い続けてきた大分県竹田市の大塚広氏は、「ヤギは単なるペットではない。人間の生活にとって欠くことのできない家畜です。ヤギの飼育を通して、人間と自然とのつきあいのあり方もみえてきました」と体験談を話している。やはり、ヤギの場合、このような思いがまず基本になるのだろう。

一方、昨今の酪農の行き詰まりから、乳牛をヤギ飼育に代える事例が出てきている。

たとえば、岩手県滝沢村の川徳牧場は、五年前にそれまでの乳牛をヤギ飼育（ザーネン種）に切り換え、一二〇頭を飼育して、ヤギ乳生産に乗り出した。搾ったヤギ乳は花巻市の牛乳処理工場で委託加工し、一本九〇cc入り三〇〇円で、「あとぴんくん」の商品名で通信販売している。

また、宮崎県北諸県郡山之口町の中村宣博さんは、夫婦で酪農一筋に生きてきたが、三年前から乳牛に見切りをつけて、ヤギ乳生産に踏み切った。中村山羊牧場は夫婦二人で、現在一一五頭のヤギ（ザーネン種、アルパイン種と両種の雑種）を飼育し、ヤギ用のパイプラインミルカーで、約六〇頭の搾乳ヤギから乳を搾っている。

朝夕二回、一日一頭当たり一・五〜二キロの乳量で、乳脂肪率は三・六パーセント、無脂固形分は八パーセント以上のヤギ乳だ。搾ったヤギ乳は、兄が経営する近くの㈲中村牧場の乳処理加工施設で処理し、九〇ccビン入り、商品名「やぎみるく」として、二〇〇円で宅配、直営、通信販売などで経営している。

②経営が軌道にのる条件

中村さんのヤギ乳経営がうまく軌道に乗っているのは、

①長年の乳牛飼育で蓄積された飼育技術を持っている。

②酪農施設をそのままヤギ飼育施設に移行できたため、新たな投資がいらない。

③近くの牛乳処理加工施設を利用できるため、加工施設の投資も必要としない。

④すでに牛乳販売の実績ルートがある。
などが考えられる。

さらに中村さんは、町内の酪農家五人で山之口町山羊乳肉組合を結成し、将来はヤギ乳に加えて肉、チーズなどの加工品も手がけていきたいと張り切っている。

経営を軌道にのせるには、自治体や公共団体の支援も欠かせない。

鹿児島県トカラ列島の十島村では、県の事業により、昔から島に生息している島ヤギの活用をめざして、列島で最大の島・中之島でヤギ牧場の建設に取りかかっており、当面肉用に三〇〇頭程度の沖縄出荷をめざしている。生体重一キロ当たり一〇〇〇円で取引き可能なため、肥育ヤギ一頭当たり三万～五万円程度で出荷できる見通しだ。

さらに鹿児島県内では、沖縄向けヤギ肉生産をめざす一〇〇頭規模の生産農家が徐々に増え始めており、近くそのための県生産組合も発足しそうな勢いだ。

第三章

ヤギ飼育の実際

一、ヤギ飼育の方式

(1) つなぎ飼い（繋牧飼育）

自家用の一～二頭飼いでは、普通は舎飼い方式にする。その際、ヤギの健康と飼料費の節約のために、春から秋にかけて山野、畦畔、堤防、路傍や空き地などに、日中つなぎ飼い（繋牧）することをすすめたい。

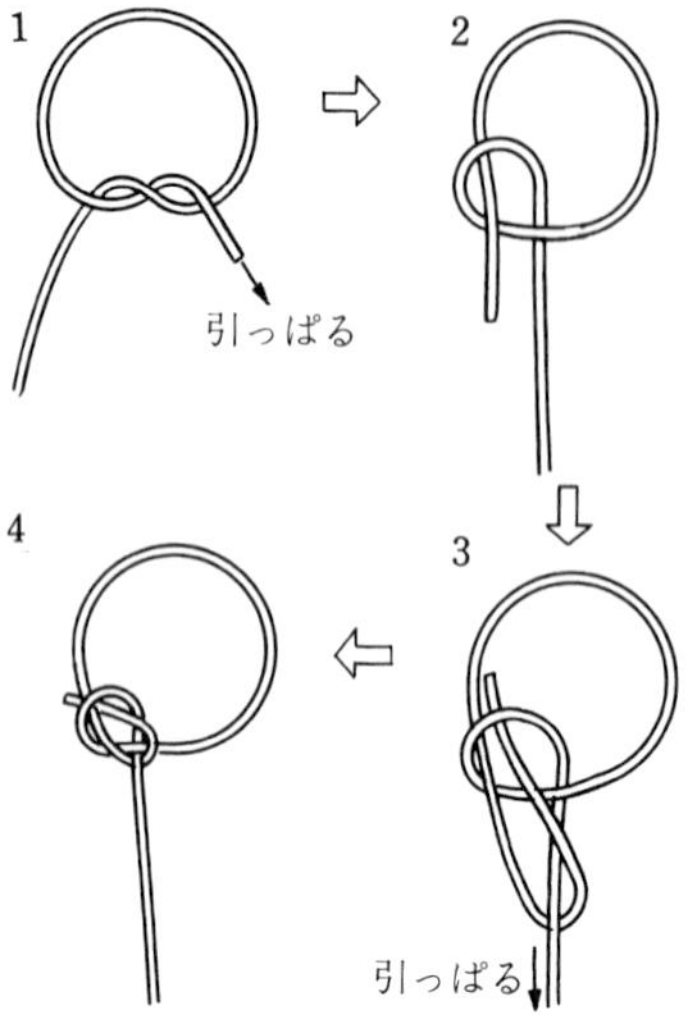

第９図　繋牧ロープの結び方
（もやい結び）

つなぎ飼いで最も注意することは、つないでいる間の事故だ。ヤギが歩き回ったり、はねたりしているうちに、自分の体や脚にロープを巻きつけて骨折したり、ときには首に巻きつけて窒息死することさえある。特に土手や崖縁につないだ場合には、宙づりになって死亡する例もある。

したがって、繋牧用のロープをむやみに長くしないことと、ロープを固定する杭とヤギの首輪を結ぶ箇所に、より戻しのナス環をつけるとよい。少し高価だが、犬用の首輪と鎖を用いるとより安全だ。首輪を用いないで、ヤギの首に直接ロープを結ぶ場合には、首が締まらないような結び方（もやい結びなど）（第9図）を工夫する。なお、つなぎ飼いの場合は、周囲に有毒植物がないかどうか注意する。

(2) 放牧飼育

牛、馬、ヒツジに比べれば、ヤギの放牧飼育は、わが国ではあまりみられない。乳用ヤギでは、長野県の一部でみられる牛馬放牧地での委託放牧、肉用ヤギでは、沖縄、トカラ列島の一部でみられる原野での半野生化した放牧方式がある。

周年にわたって野草、樹林が繁茂し、年間の平均気温も高い亜熱帯性気候の沖縄、奄美地方では、肉用ヤギの生産方式は未利用資源の有効利用と省力化の観点から、原野利用の周年放牧が考えられている。経費節約のため牧柵は設けず、海岸線に沿った地帯に雌雄の群飼いで半野生化させ、必要に応じて捕獲する。しかし、この放牧方式では、牧柵がないため、近辺に耕作地があると作物が被害を受けること、野犬の害があること、ダニに弱いこと、捕獲に手間がかかることなどの問題点がある。したがって、これらの対策を十分に講じて放牧を行なう必要がある。

二、草づくり

(1) 周辺の雑草で十分

ヤギの場合は、特別に立派な「牧草」や「牧草地」を用意しなくてもよい。第一章でみたように、ヤギが好きな草木類は、周辺にいくらでもある。しかも、高水分の青草類はあまり好まないうえに、多種多様の餌をよく食べる。草木類、種実類、わら類、農場残滓類、農産加工粕類、広葉樹の新芽、若枝、樹皮などがよい飼料となる。これらの粗飼料を草架に入れて給与するだけでよい（第10図）。

第10図　干し草や粗飼料を入れて食べさせるための草架
上：三角形のもの，下：四角形のもの

一種類の飼料に飽きやすいこと、低水分の餌を好むこと、青草類だけを給与すると糞が軟便になり、下痢症を起こしてしまうことがあること、などに注意すればよい。したがって、特別に草づくりをしようとする場合には、牛の場合と同じと考えればよい（刈り取った草は乾かしてから与える。第11図）。

第11図　刈り取った草は乾かしてから与える

(2) 牛との混牧も有効

同じ草食動物といっても、牛とヤギでは食草行動が異なっている。牛は地面に生えている草を舌で巻き込んで口の中に入れ、頭部全体を振って下顎前歯と上顎歯床板で草をちぎりとって食べるが、ヤギは唇と下顎前歯や上顎歯床板を巧みに使って、草を噛んでいく。したがって、牛は一般に長い草を食べるのに適しているのに対して、ヤギは短い草を食べるのが得意だ。このことが、ヤギが「掃除刈り家畜」といわれる理由でもある。

牛とヤギの長所を利用して、放牧地に同時に放す混牧、あるいは牛の食べた後にヤギを放す後追い放牧が、ニュージーランドではよく行なわれている。私たちの研究室でも、牛とヤギに

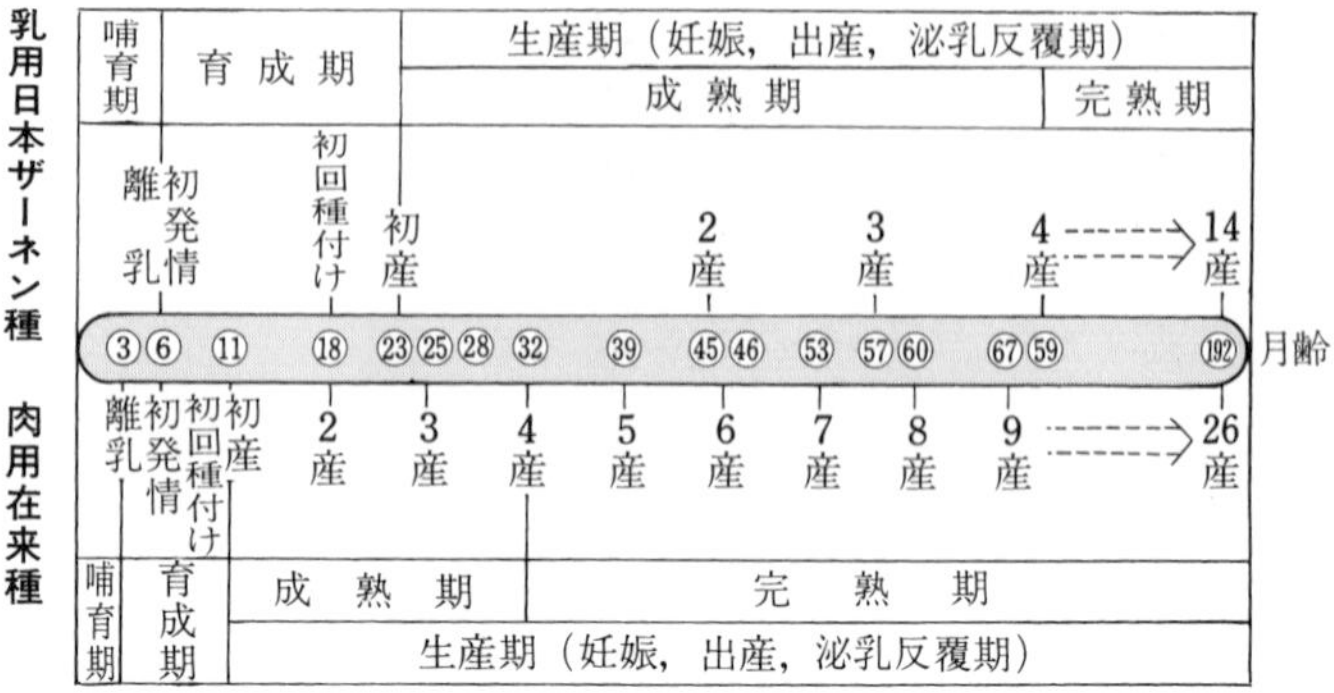

第12図　雌ヤギの一生

よる混牧や後追い放牧の試験を試みているが、牛に比べてヤギのほうが、ススキ、フユイチゴ、スイカズラなどの硬い雑草を多く採食する傾向のあることが認められている。

三、子ヤギの育て方

(1) 子ヤギの発育と初種付け時期

子ヤギの時期（育成期）は、雌ヤギでは離乳から初産まで、雄ヤギでは離乳から種付け開始期までをいう。

月齢でみると、雌の場合、乳用日本ザーネン種が六〜二三カ月、肉用在来種が三〜一一カ月、雄の場合、乳用日本ザーネン種が六〜一八カ月、肉用在来種が三〜一二カ月となる。

雌の場合、乳用日本ザーネン種では生後六カ月の離乳時には秋を迎えるため、すでに初発情に到達するものが多いが、一般には種付けを避けるようにする。つまり、翌秋の生後一八カ月

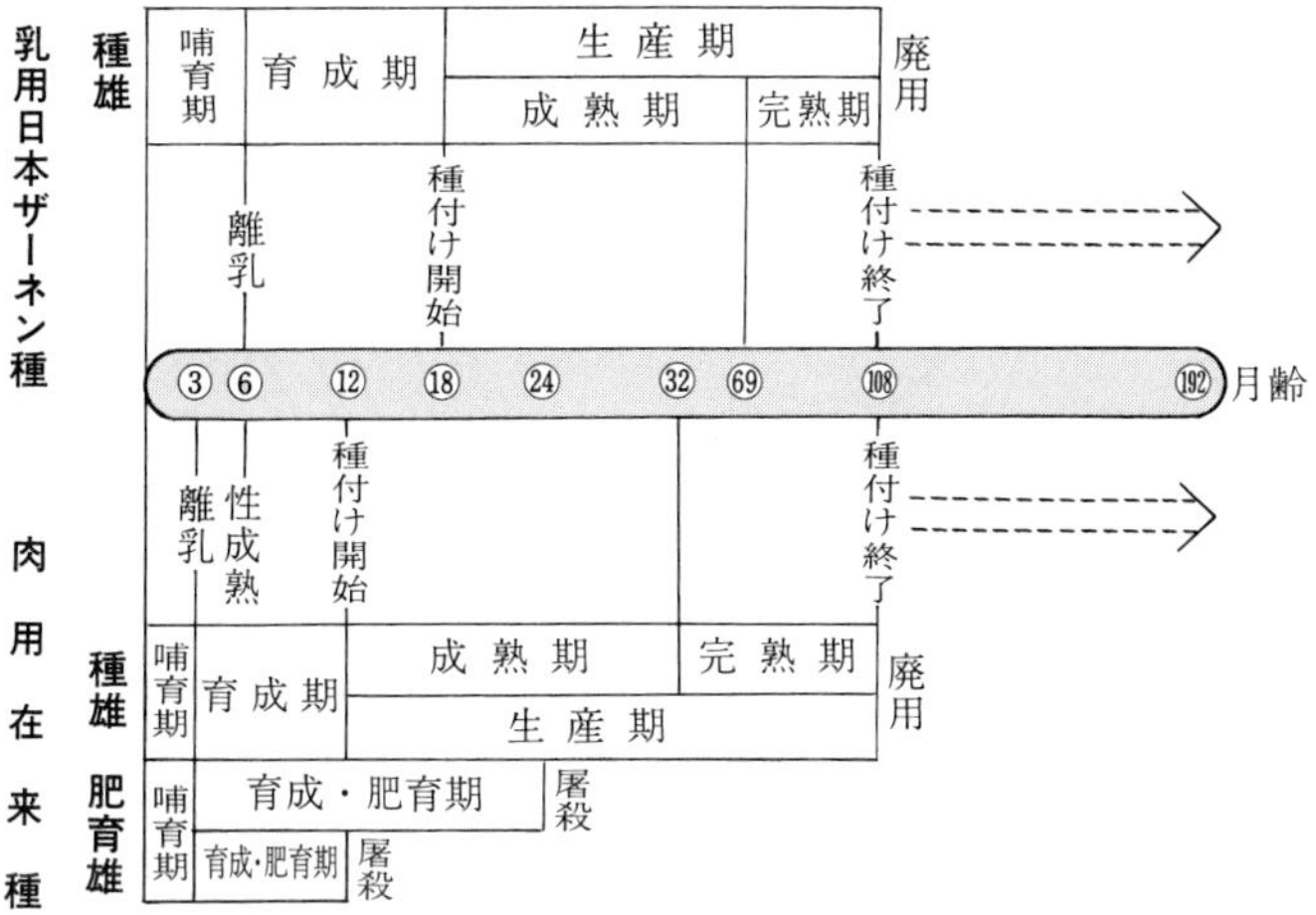

第13図　雄ヤギの一生

で初回種付けとなり、生後二三カ月で初産に達することになる。一方、肉用在来種では生後三カ月の離乳時で初発情に到達するものもあるが、一般には生後六カ月で初発情を迎えるとともに初回種付けも同時に始まり、生後一一カ月で初産を迎える。雄もほぼ同じ傾向をたどり、乳用日本ザーネン種では生後一八カ月、肉用在来種では一二カ月で、種付け開始期を迎える。

(2)　旺盛な発育に応じた飼い方をする

子ヤギの発育は、当然、給与飼料の種類や栄養水準によって強く影響され、また運動量や環境温度にも大きく影響される。しかし、この期間は発育が一定速度である必要はなく、ある時期の発育停滞も病気によるものでないかぎり、のちに十分回復するこ

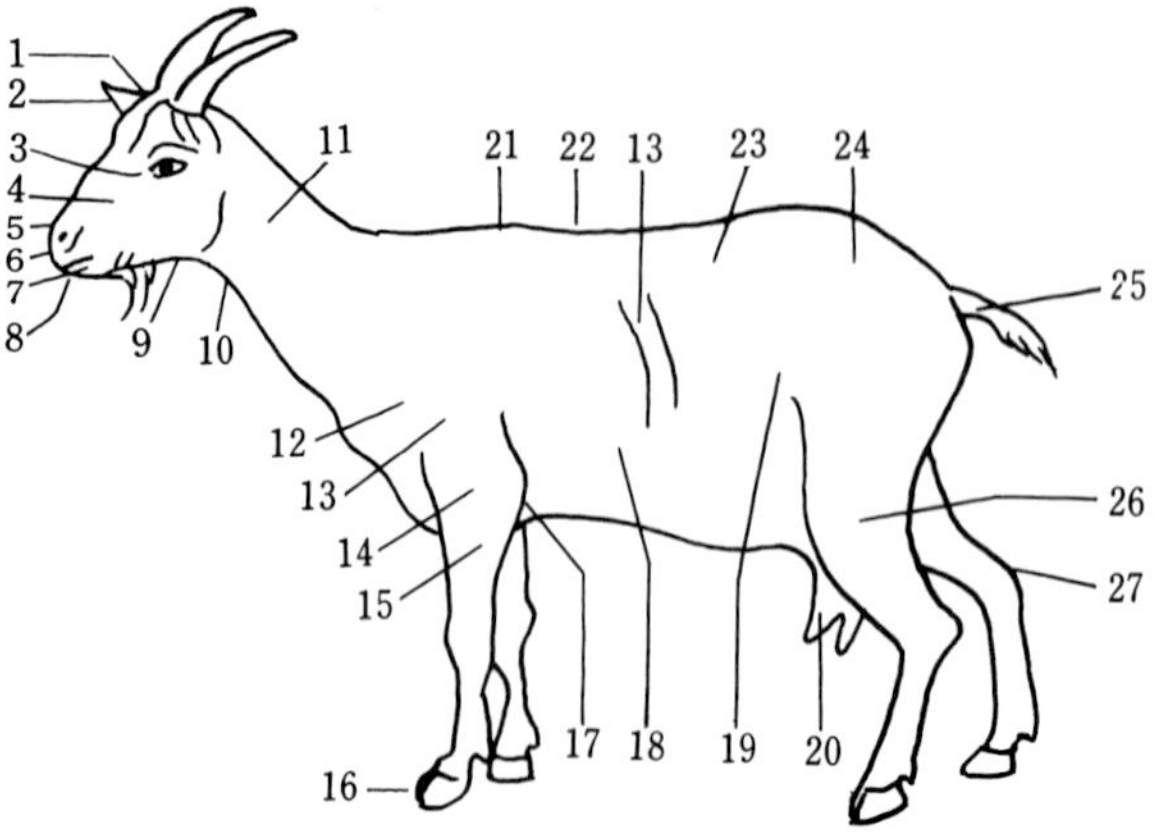

第14図　ヤギの外貌の名称

資料：「畜産用語辞典」養賢堂，1985

注：1．額〈ひたい〉
2．耳
3．眼
4．顔
5．鼻梁〈びりょう〉
6．鼻孔
7．口
8．口唇
9．顎〈あご〉
10．のど
11．頸〈くび〉
12．胸
13．肋〈ろく〉
14．上腕
15．前腕
16．蹄〈てい〉
17．わき〈脇〉(前わき)
18．下腹
19．膁〈けん，ひばら〉
20．乳房
21．き〈鬐〉甲
22．背
23．腰
24．尻〈しり〉
25．尾
26．脛〈すね〉
27．飛節

第8表　ヤギの生時体重と離乳時体重

（単位：kg）（鹿大農，1979）

発育段階	乳用日本ザーネン種		肉用在来種	
	雌	雄	雌	雄
生時体重	3.5±0.9	3.3±0.7	1.4±0.3	1.4±0.3
離乳時体重	21.9±4.3	28.0±8.2	5.3±0.1	6.3±1.2

とが多い。

子ヤギの時期は最も発育が旺盛である（第8表、第15図）と同時に、この時期の発育の成否がその後の体格や能力に大きく関係するといっても過言ではない。したがって、過不足のないよう栄養補給に注意し、十分な発育をはかるように努めるようにする。また、この時期は寄生虫の害を最も受けやすいので、定期的に糞便の検査をして、虫がいれば早急に駆虫を行なう。

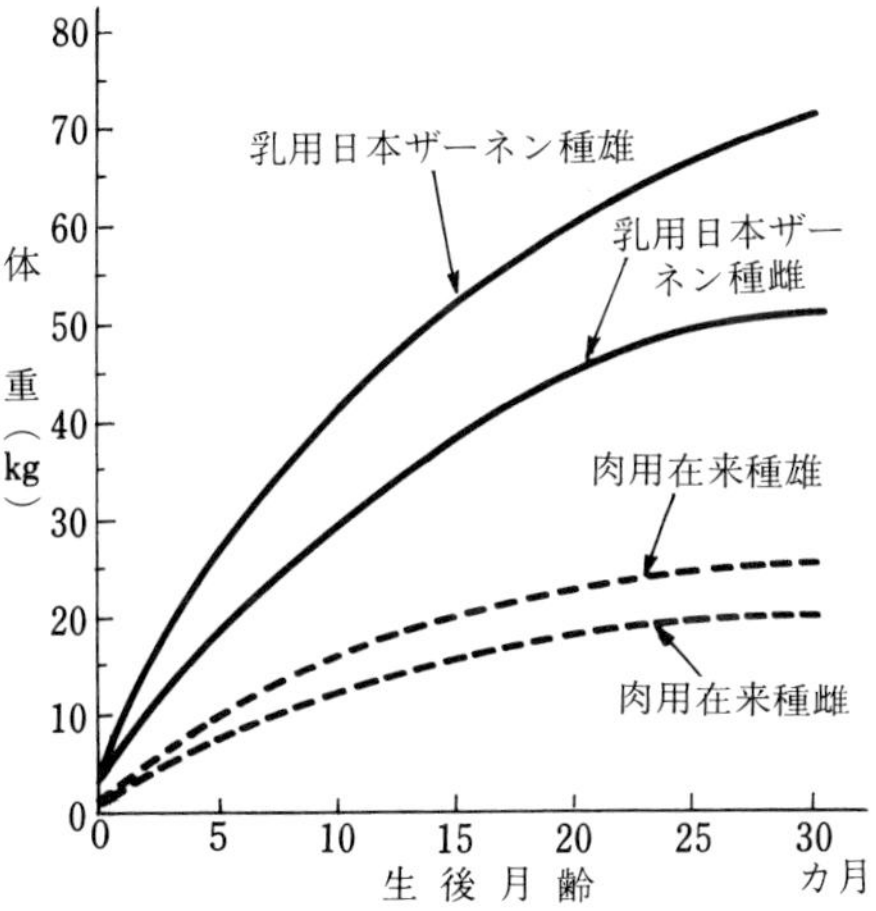

第15図　ヤギの標準増体曲線

飼料は濃厚飼料に偏重しないように、良質な粗飼料を十分に与え、第一胃の発育を促進させる。

哺乳中の生後一～二カ月の子ヤギには母ヤギの乳

を十分に飲ませながら、徐々に固形物の飼料（濃厚、粗飼料）を増やしながら与えていく。

離乳した生後三〜四カ月の子ヤギの一日当たり飼料は、たとえば、濃厚飼料（配合飼料かフスマなど）二〇〇〜三〇〇グラムに、粗飼料を十分腹いっぱい食べる量を給与する。

また、天気のよい日はできるだけ戸外に出して、十分な日光浴と運動をさせ、骨格の十分な発育をはかる。なお、初発情の到来に注意し、適期交配を行なう。

(3) この時期に注意すること——野犬と蚊

この時期に注意することは、農薬・除草剤、毒草、濃厚飼料・穀類の食べすぎ、夏のかくらん（日射病）、自動車事故などだ。また、意外な落とし穴は、次に述べる野犬と蚊。

①野犬やカラスの害を防ぐ　ヤギを放牧する場合に注意することは、野犬や飼い犬による被害だ。ヤギは犬に対してまったく無防備で、襲われるとショック死するほどだ。したがって、放牧場の周囲に高さ約一・二メートル以上の頑丈な金網フェンス、あるいは四本線の電気柵（電線の間隔は二〇〜三〇センチ）を張る必要がある。

分娩ヤギがお産すると、生まれたばかりの子ヤギがカラスに襲われるので、要注意。カラス対策としては、テグスを約二メートル間隔で上空に張っておくと、カラスがいやがってこなくなる。

②蚊（フィラリア症）に注意　ヤギは蚊が媒介するフィラリアによる腰麻痺に弱いので、梅雨時期には放牧する前に、予防ワクチンの注射をうっておくほうがよい。

四、種付けから分娩までの管理

(1) 体の成熟よりも早い性成熟――種付けの判断

乳用日本ザーネン種の雌ヤギは、生後三～四カ月で発情するものもあるが、一般には六～七カ月で体重三〇キロに達したとき初発情を迎える例が多い。しかし、どんな動物でも性成熟の時期は、一般に体がまだ十分に成熟しないままに早くくることが多いので、ヤギの場合もこの時期の交配は避けたほうがよい。

発育不十分のまま妊娠すると、その後の母体の発育、泌乳、繁殖に悪い影響がある。したがって、翌秋の明二歳で交配するのが無難だろう。雄ヤギも同じで、翌秋の生後一八カ月から繁殖に用いたほうがよい。これより早くすると、もともとの能力が発揮できず、早老になって、乳用や肉用に使える年数を短くする傾向がある。

肉用在来ヤギの雌の場合は、泌乳の負担がそれほどないので、初発情を迎える六～七カ月に達した

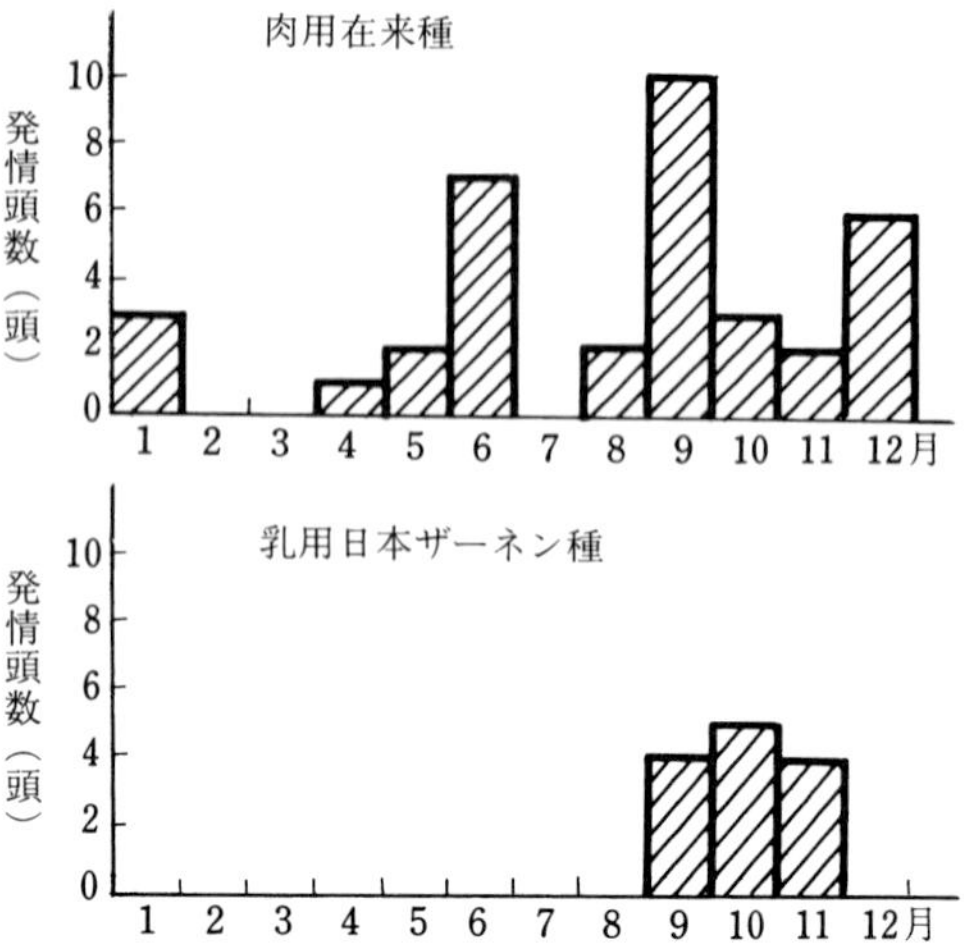

第16図　ヤギの月別発情頭数

（鹿大農，1979）

とき交配してもよい。雄ヤギは、十分に発育した一年以降から繁殖に用いたほうが無難だ。

(2) 繁殖の季節は秋に種付け、春に分娩

ヤギの発情は、短日化にともなって、脳下垂体が刺激されることで始まる。したがって、わが国の乳用日本ザーネン種は、秋～初冬（九～十二月）に発情の徴候を示し、翌年の晩冬～春（二～五月）に分娩して、繁殖期は短い期間にかぎられる。ヤギが季節繁殖動物といわれる理由だ。しかし、ほかの時期に発情がまったくないわけではなく、地域が南下するにつれてほかの季節にも発情がみられ、繁殖期間が長くなる傾向を示す。

一方、肉用在来ヤギは年中発情し、周年繁殖するといわれている。その傾向は強いが、しかし春と秋の二つの大きな発情の山が認められる。

鹿児島での肉用在来種と乳用日本ザーネン種の発情期の月別変化を第16図に示す。

(3) 発情は鳴き方でわかり、二日間続く

ヤギの発情の徴候は割と明瞭に現われる。食欲が減退する。盛んに鳴き、尾を振って挙動が落ち着かない。外陰部が紅潮・腫脹し（在来種は不明瞭）、膣粘液が流れ出る。発情が確認できたら、雄を飼育している人に依頼し、発情雌ヤギを雄と同居させてもらうとよい。喜んで雄に近づき、交尾を許容する。

発情周期は一八〜二三日、平均二〇・四日（第17図）。発情の持続時間は二〇〜六〇時間におよぶが、平均約三八時間で、約二日間続く。この発情時期を見逃さないように注意深く観察すること。また、不慮の事故がないよう管理に十分な注意を払う必要がある。

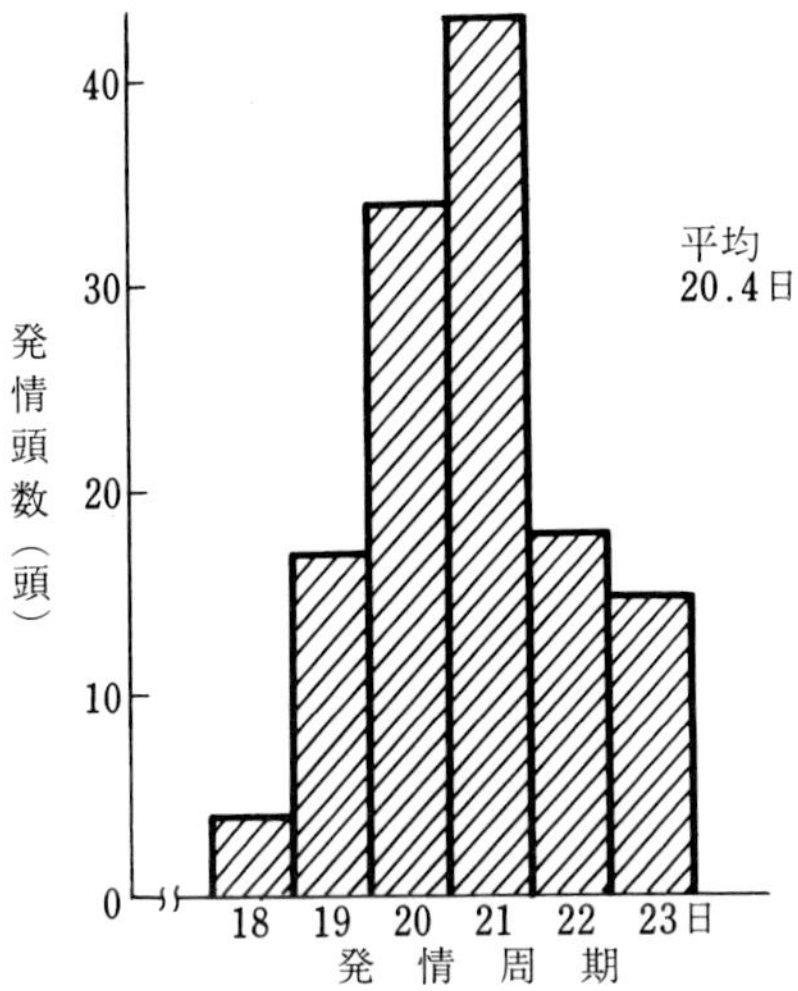

第17図　乳用日本ザーネン種の発情周期
（畜試長野支場，1948）

(4) 性欲が旺盛で交配が簡単

第９表　ヤギの妊娠期間

（鹿大農，1979）

品　　　　種	頭　数（頭）	妊　娠　期　間（日）
乳用日本ザーネン種	5	152.2±4.76
肉　用　在　来　種	10	145.3±3.02

ヤギの排卵時間は発情の末期で、発情開始後三五～四〇時間のころになる。精子が卵子に到達するのは早くて三〇分、多くの精子が集まるのには五～六時間を要する。したがって、発情開始後一日～一日半が交配の適期とみてよい。しかし、排卵時間には個体差があるので、朝に発情を発見したときは、念のため夕方と翌朝の二回交配するほうが、受胎がいっそう確実になる。

交配は、雌雄を同居させると速やかに行なわれ、短時間で終わる。すぐ交尾が確認できた場合は、発情雌を雄から引き離して持ち帰ってよいが、交尾が確認できない場合は、翌日の二日間まで同居させてもらう。約一カ月ほど雄と同居させてもらうことができれば、ほとんど雌ヤギが妊娠するのは間違いない。人工授精の場合は、精子の生存期間が短くなるので、注入適期に細心の注意を払う。

雄ヤギは、しばしば陰茎から精液を霧状に射精するほど、性欲がきわめて旺盛で、多くの雌ヤギとの交配にも耐えることができる。しかし、一日の交配する雌の頭数は一～二頭、一繁殖期で五〇～七〇頭におさえるのが妥当だろう。

(5) 若いヤギ、産子数が多いほど短い妊娠期間

受胎すれば次回からの発情は停止する。妊娠期間は、乳用日本ザーネン種で平均一五二日、肉用在来種で平均一四五日で、肉用在来種のほうが約一週間短い傾向にある（第９表）。また、年齢、産次、

第18図　分娩直後のヤギの様子
上：生まれてまもない子ヤギと母ヤギ。子ヤギの体は胎膜でまだぬれている。
左：母ヤギが子ヤギの体膜をなめて体を乾かしている様子

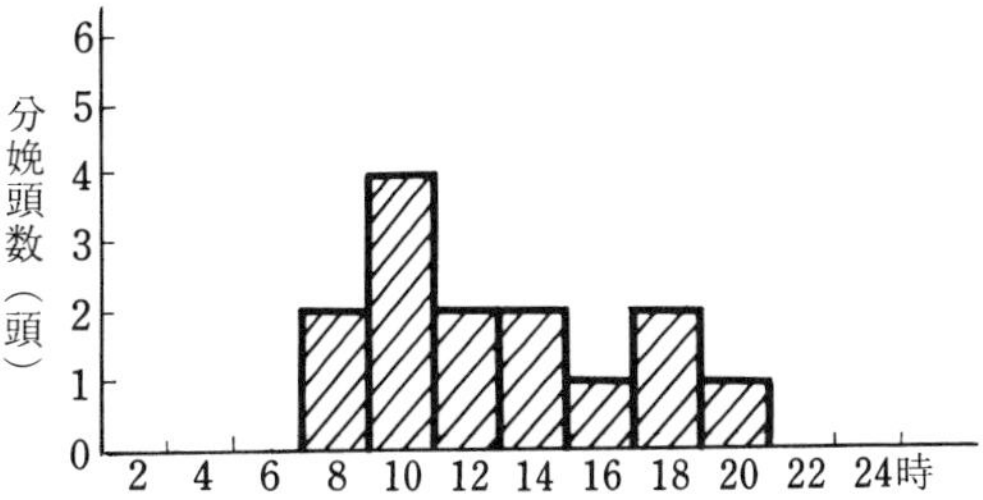

第19図　ヤギの分娩時刻　（鹿大農，1979）

産子数などによって多少の差がみられる。年齢が若いほど、産子数が多いほど、妊娠期間は短くなる。妊娠後期に入ると、母ヤギは挙動が慎重になり、腹囲が増大して、分娩前一カ月ころから乳房が急速に肥大してくる。

(6) 分娩時間は昼間が多い

分娩が近づくと骨盤靭帯がゆるみ、腰が落ち、腹が垂れて、乳房が急に張ってくる。また、挙動不審となり、盛んに鳴き、尿をひんぱんにするようになる。

分娩は、陣痛とともに濃い粘液の排出があって始まる。胎胞が出て膜が破れ、第一破水が起こる。次いで胎児を包んだ羊膜が破れて第二破水が起こり、陣痛につれて胎児が外に押し出される。分娩に要する時間は、最初の陣痛から約一〜三時間だ。

分娩後の子ヤギは出生後一五分ぐらいで立ち上がり、約四〇分後には母乳を初めて吸うようになる。分娩後一〜二時間で後産が下りる。分娩時刻は昼間（日が昇ってから沈むまで）に多く、夜間にはほとんどみられないところに、ほかの家畜にはないヤギの特徴がある（第19図）。

(7) 中性ヤギは妊娠しない

ヤギには、間性といって、遺伝的には性が決まっているにもかかわらず、生殖器の発達が不十分で、雌雄の特性を合わせ持つものがある。本来は雌であると推測される。

日本ザーネン種では、繁殖能力のない間性を生ずることがしばしばある。間性は無角遺伝子と連関する単純劣性遺伝子によって支配されると考えられており、したがって有角ヤギではほとんど出現しないとされている。事実、私の研究室で飼育しているトカラヤギでは、間性の出現は一例も観察されていない。

なお、雄にも注意する点がある。若すぎ、老いすぎ、栄養不良だ。

(8) 種雄の飼育法

種雄は、子ヤギが生まれた段階で血統を考慮して選抜し、別の畜舎の房に入れるなどして個別管理を行なったほうが育ちがよいし、管理もしやすい。多頭数飼養で子ヤギを群飼している場合は、八月ころには種雄候補の第一回選抜を行ない、選抜されたヤギを個別管理し、その後も選抜を繰り返して最終的によいものを残す。

実際の飼養者によると、飼料はイモづると野草を与え、配合飼料はほとんど与えない。補足的にバカスのヘイキューブ、樹葉を与えることもある。種雄ヤギを別の建物の房に入れ、雌ヤギから隔離するのは、繁殖時期の種雄ヤギの興奮を抑え、また種雄ヤギ特有の強い体臭がヤギ乳につかないように配慮しているためだ。種雄ヤギは十分運動できる大きさの房に入れる。十分に運動させ、丈夫な体をつくり、繁殖力に富んだ雄となるように心がける。

雌が発情する時期は、雄の精液性状が最もよい時期でもある。雌を多頭数飼養しているところや依頼を受けて種付けを行なっているところでは、一頭の種雄を多数の雌に種付けさせるため、体力・精力ともに消耗するので、濃厚飼料など栄養のある飼料を給与する必要がある。しかし、過肥にならないように注意することが肝要だ。また、雄が若い場合、往々にして乗駕欲が欠如することがあるが、このような雄ヤギへの対処としては経験を積ませることであり、それによりほとんど解消する。

なお、繁殖時に入る前に肢蹄をよく点検し、腐蹄病などを治療し、長すぎる蹄を削蹄しておくことが望ましい。

五、搾乳と搾乳中の管理

(1) 人間の都合で大きくなった乳房

子供に乳を飲ませることが哺乳類の特徴で、ヤギもこの例にもれず、母ヤギは子育てのためにせっせと乳を生産する。したがって、本来ならば、母ヤギは子ヤギを育てるのに必要なだけの乳を生産すればよいのであり、肉用在来種はまさにそのように改良された品種だ。ところが、乳用ザーネン種は人間の乳利用のために改良されたため、乳房が異常に発達し、子育てに必要な量をはるかに上回る乳を生産する品種となった。

ヤギの乳房（第20、21図）は、乳房間溝によって左右の対に分けられる。乳用ヤギ

第20図　ヤギの乳房の形

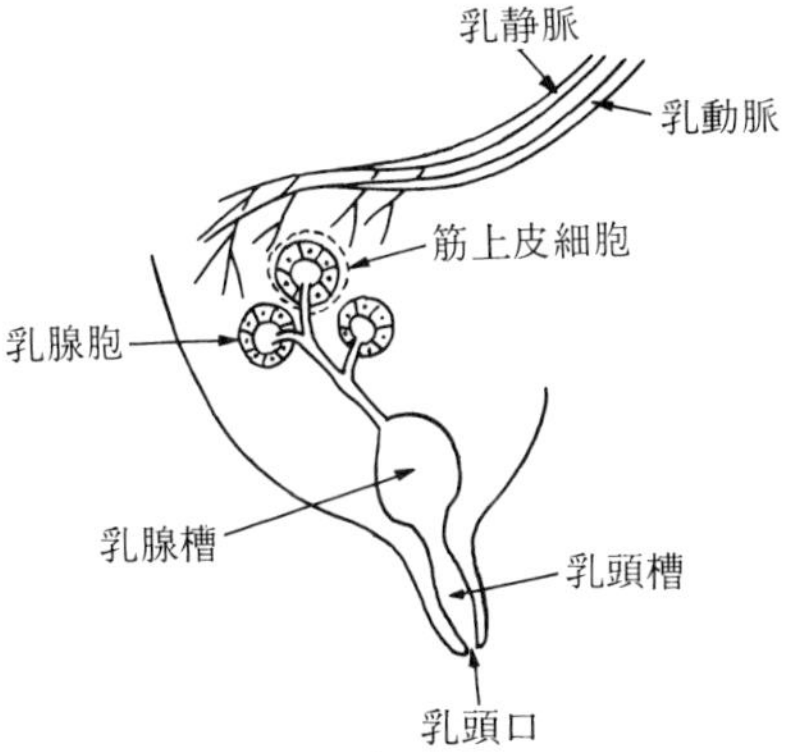

第21図　ヤギの乳房の内部構造

第10表　ヤギの泌乳成績

品　　種	頭数（頭）	泌乳期間（日）	総乳量		1日当たり泌乳量（g）
			平均（kg）	範　囲（kg）	
乳用日本ザーネン種[1)]	2	168	308	302〜313	1,833
肉用在来種[1)]	4	91	47	26〜71	517
乳用日本ザーネン種[2)]	87	240	598	—	2,490

注：1）鹿大農，1979
　　2）農水省長野種畜牧場，1968〜70

の乳房は体の割合からすると大きく、左右の乳房にはおのおの前下方に向かう一個の太い大きな乳頭を持ち、その先端に開く乳頭口も大きい。長く搾乳を続けた老齢の雌では、乳房と乳頭の境界が不明瞭になることが多い。また、乳用ヤギでは不完全な二個の副乳頭を持つものもあるが、一般に副乳頭には乳頭口がなく、乳汁が排出されない。

肉用在来種の乳房は小さく、左右の乳房にはおのおの前下方に向かう一個の乳頭のほかに、各一個の小さな副乳頭を持っている。しかも、これらの副乳頭は乳頭口を持ち、乳汁が排出される場合が多く、いわゆる乳牛と同じように四本の乳頭を持つことになる。

(2)　知っておきたい泌乳の仕組み

①ヤギの泌乳の特徴

泌乳は分娩の後に始まる。妊娠中に分泌が抑えられていたプロラクチンという催乳ホルモンが、分娩後急速に大量に放出され、

第11表　ヤギ乳の成分

（単位：%）（鹿大農，1979）

種類		水分	全固形分	脂肪	タンパク質	灰分
ヤギ	乳用日本ザーネン種	87.2	12.8	3.5	5.1	1.0
ヤギ	肉用在来種	82.2	17.8	8.4	3.9	0.8
乳牛		88.5	11.5	3.3	2.9	0.7
ヒト		87.4	12.6	3.8	2.3	0.3

それが乳腺を刺激して乳腺胞の活動を促し、乳汁の生成が行なわれて乳が出始める。乳はその原料をすべて血液中から摂取し、ヤギ乳特有の成分が乳腺細胞内で合成される。吸乳あるいは搾乳の刺激によってオキシトシン（筋収縮ホルモン）が分泌され、それが乳腺胞を取り巻く筋上皮細胞を刺激して、貯えられた乳汁を押し流し、乳槽へ下降させる。

いったん始まった泌乳は、ある期間続くが、吸乳や搾乳をやめると低下し、ついには停止する。

②ヤギの泌乳量

泌乳量は、品種、個体、年齢、飼養管理など、いろいろな条件で異なるが、鹿児島大学農学部で調査したヤギの泌乳成績を第10表に示す。泌乳期間は、乳用日本ザーネン種が約六カ月、肉用在来種が約三カ月、総泌乳量はそれぞれ三〇八キロ、四七キロとなり、乳用日本ザーネン種の泌乳能力はきわめて高い。しかも乳用日本ザーネン種では、

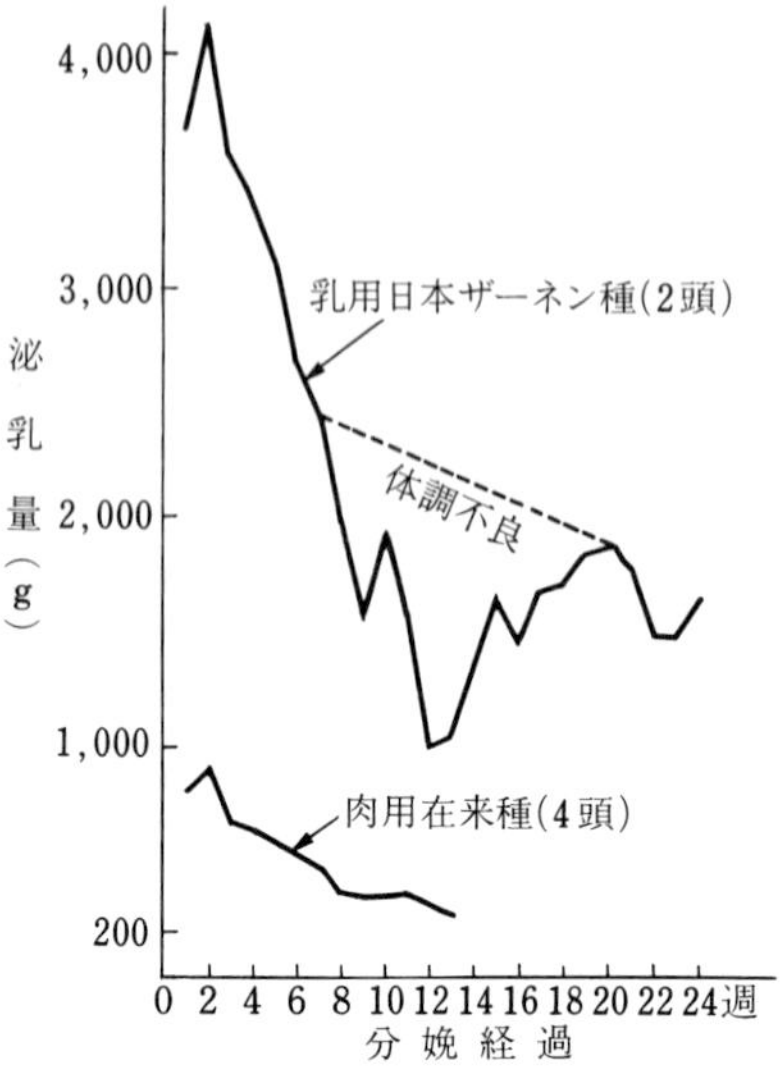

第22図　ヤギの泌乳曲線
（鹿大農，1979）

六カ月で子ヤギを離乳したのちも泌乳が盛んに行なわれ、約八〜一二カ月まで搾乳することが多いため、実際上の総泌乳量はさらに増加することになる。肉用在来種の泌乳量では子育てに精いっぱいで、人間の飲用にはとうてい足りない。一日当たり平均乳量は、乳用ザーネン種が一八三三グラム、肉用在来種が五一七グラムとなる。

優良種ヤギをつなぎ飼いしている農水省長野種畜牧場の泌乳成績によると、泌乳期間二四〇日で総泌乳量五九八キロ、一日当たり泌乳量二四九〇グラムと高い。

年齢では三〜五歳の総泌乳量が多く、初産と老齢ヤギの乳期は短い。

③ヤギ乳の成分

ヤギ乳の成分を第11表に示した。ヤギ乳は乳牛やヒトに比べて全般に各成分とも高く、栄養的にすぐれていることがわかる。また、肉用在来種の乳成分は乳用日本ザーネン種に比べて、全固形分、脂肪が高いが、タンパク質、灰分は低い傾向にある。

乳の成分は泌乳最盛期に薄く、泌乳初期と末期に濃くなり、また搾乳のはじめは薄く、終わりは濃くなる。濃厚飼料や乾草を与えると、乳成分は濃くなるが、青草のように水分の多いものを与えると薄くなる。

④泌乳曲線と乳成分の変動

泌乳期間を通じて、ヤギの乳量と乳成分は一定ではなく、大きく変動する。また月変動もかなり大きい。泌乳の進行にともなって乳量が変化する様相を図示したものを泌乳曲線という。

乳用日本ザーネン種と肉用在来種の泌乳曲線を第22図に示した。両品種とも分娩後しだいに乳量が増加して、約二週間で最大に達し、その後だんだん減少する。乳成分は乳量とは逆の傾向で、泌乳最盛期に低く、その前後に高い。

(3) 搾乳の実際と要領

ヨーロッパ諸国の多頭飼育経営では、ヤギの搾乳に専用のミルカーを使う（第23図）。しかし、わが国

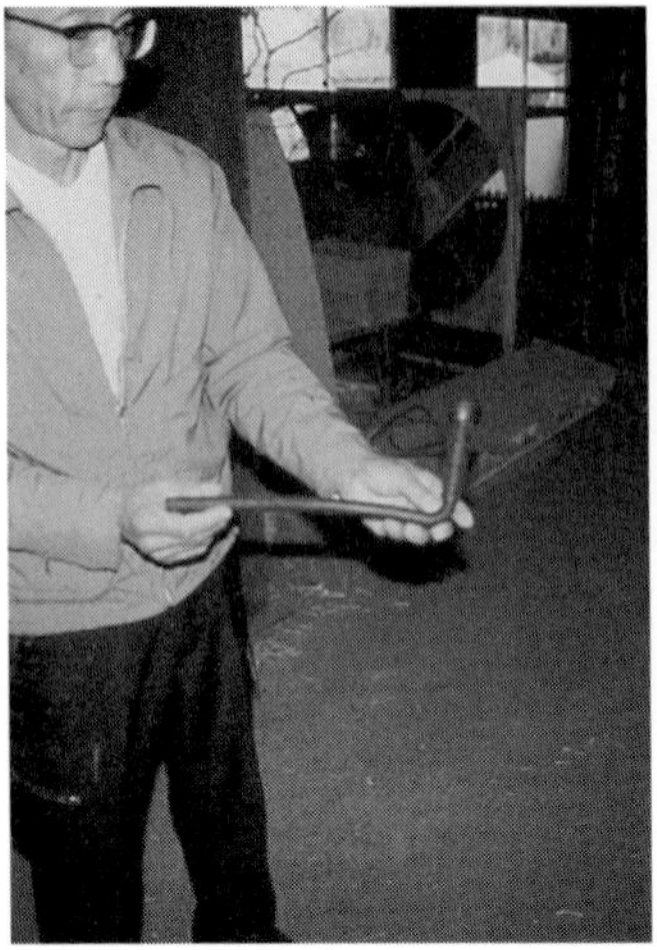 

第23図　ヤギ用のバケットミルカー（右）と
ミルカー用のライナー（左）
ライナーは乳頭に装置する部分で，合成ゴムでできている

のように一～二頭飼いが多い場合では、手搾り法で十分だ。

搾乳のよしあしは、乳房の泌乳機能に影響を与え、乳量、乳質にも関係してくるので、初心者は十分に実地に熟練するとよい。搾乳の要領を順序にそってまとめてみよう。

①飼料を与え、ヤギを静かに保定する。保定の仕方は、搾乳ヤギの首にロープをかけて柱などにつなぐだけで、よく慣れたおとなしいヤギは搾乳できる。後足で蹴るくせのあるヤギは、後足をロープで保定する。保定わくを利用すれば搾乳を容易に行なうことができる。

②手をよく洗い、湯タオルで乳房を静かに、ていねいにもみながらふく。

③ヤギの横側から、ヤギとは反対に後ろ向き

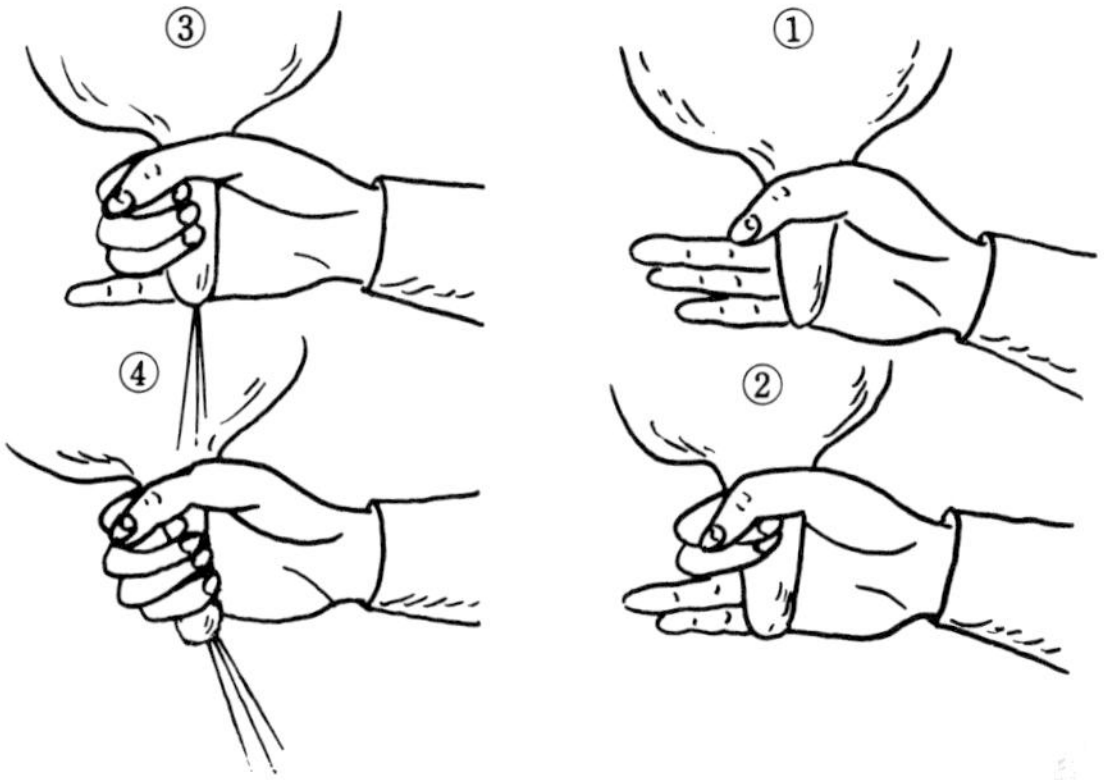

第24図　手搾りの方法
資料：北原名田造著『ヤギ』（農文協）より

に座り、搾乳バケツを乳房直下よりやや前方に置き、左右の乳頭を同時に両手で握って、交互に搾る。

④指の握り方は第24図のとおり。親指と人差指で乳頭の根もとを固く握り（①②）、乳が逆流しないように注意しながら、中指、薬指、小指の順に下に向かって搾り出す（③④）。これを何回もくりかえす。

⑤搾乳の最初の一～二搾りは、細菌の混入を防ぐため搾り捨てる。

⑥ていねいに、しかも敏速に短時間に搾りきる。そして、乳房内に残乳があると、乳房炎の原因になるだけでなく、泌乳量も減少するので、最後の一滴まで搾りきる。

⑦搾乳回数は朝夕二回、あるいは朝昼夕の三回、毎日一定の時間に行なうのがよい。

⑧搾乳は同じ人間が行なうほうが、ヤギにも泌乳成績にもよい。

(4) この時期の飼い方──泌乳量に応じた栄養補給

泌乳期のヤギでは、母体の維持と乳汁生産のために、より多くの栄養分を必要とする。しかも、乳量は分娩の経過とともに増減するので、それに見合った栄養の補給が大切になる。したがって、搾乳期には泌乳効果のある飼料を与える必要があり、粗飼料ではクローバ、ヨモギ、サツマイモづる、根菜類、ビートパルプなど、濃厚飼料ではふすま、オオムギ、デンプン粕、ダイズ粕などがよい。また、カルシウムとリンの補給も十分に行なう。

しかし、濃厚飼料は多量に与えすぎると、さまざまな生理障害を起こすので注意が必要だ。

①一~二頭での餌給与例

畦畔の粗飼料で一~二頭を飼育している土屋昭太郎さん(長野県)は次のような餌給与を行なっている。

育成初期、生後一〇〇日くらいは補給的にふすまなどの濃厚飼料を与え、その後は青草一本で育成する。とくに繋牧時に親から離してつなぐ場合、首つりはもちろん、毒草にも注意する。

飼料の給与は春から秋まで草地化した畦畔の牧草(オーチャードグラスとクローバ)が主体で、乳量に応じてふすまを給与し、冬場は、乾草と農産物の乾燥したもの（ダイコン、野沢菜、飼料カブなどの葉）、飼料用カブを給与する。自給飼料が八〇パーセントを占める。

一日一頭当たり給与量は、青草期は生草八〜一〇キロ、ふすま六〇〇グラムから一キロ以内、冬場は乾燥物（イナわらも含む）を約二キロ、カブ類を約二キロと濃厚飼料（ふすまと粉麦）八〇〇グラムくらいが中心となる。

春先の青草への切り換え期は下痢と毒草にとくに注意する。冬場は根菜類を凍結させないようにし、水も微温湯にして与え、カルシウムを一日三〇グラムくらい与えることも忘れてはならない。

②二二頭での餌給与例

配合飼料・自給粗飼料で搾乳二二頭を飼育する大城清光さん（沖縄県）は次のような餌給与を行なっている。

飼料の給与は、朝夕の二回で、一日一頭当たり粗飼料としてイモづる三キロ、野草（ススキ、ネピアグラスなど）三キロの計六キロと乳牛用配合飼料（DCP一一・五パーセント、TDN六九・三パーセント）九〇〇グラム、大豆油粕一〇〇グラムを給与している。そのさいカルシウムを少量添加する。補足的に樹葉（ガジュマル、ギンネムなど）を給与することもある。水はバケツで一日一回給与し、鉱塩はヤギが自由になめられるように与えてある。

イモづると野草の刈り取りは、二〜三日に一回行ない、刈り取った草は飼料庫の棚に置き、少し乾燥させて給与する。これは下痢の防止対策ともなる。イモづる、野草などを長いまま与えると、ヤギは飼料箱から房内へ引き込み、踏みつけるので、飼料の利用率を低める。そのためカッターで細切りして給与している。飼槽の位置は、ヤギが食い散らかさないように床から五〇センチの高さに設置してあり、ヤギがむだなく飼料を食べ、房を汚さないように工夫している。

配合飼料の給与は、イモづるの多い時期は少なめにし、少ない時期は増加させるように調整している。

粗飼料の柱であるイモづるは、一〇アールの畑に作付けしたサツマイモから生産されるが、イモづるがよく伸びたころから刈り始め、周年利用する。刈り取りにさいして、イモづるを地表面から全部刈り取ると再生が悪くなるので、つるをなるべく残すように刈り取る。このときイモは掘らないでそのままにしておき、再生するイモづるだけを利用する。イモづるは年五〜六回刈り取ることができ、種イモの更新は二年間隔で行なう。肥料はヤギ糞の堆肥だけを使っている。

イモづるを通年給与することは、反芻家畜であるヤギの生理に合っている。また、イモづるは産乳効果のある飼料でもあり、乳用ヤギの飼育に大きな効果をあげている。

(5) 哺乳中の子ヤギの育て方、取扱い方

①分娩直後の扱い方

子ヤギが生まれると、母ヤギは体液でぬれた子ヤギの体をなめて、自然に乾燥しやすいようにするが、なめないときには乾いた布などで全身をよくぬぐってやる。子ヤギは生まれてから一五分くらいで立ち上がり、四〇分後には母ヤギの乳房をさがしあて、母乳を初めて飲むようになる。しかし、なかには自力で飲めない子ヤギもいるから、その場合には子ヤギの口を母ヤギの乳頭に近づけて、飲むように訓練する。それでもなお飲めないで弱っている子ヤギには、手搾りした乳を哺乳びん（人間用でよい）で与える。生まれた直後の子ヤギは、一度母乳を口にさえすれば、見る間に元気旺盛になる。

なお、念のためヘソの緒の消毒を行なうとよい。

②初乳の与え方

分娩後一週間の間に泌乳する乳を初乳といい、濃厚、淡黄色で、子ヤギの胎便の排泄と免疫に効果があるので、生まれてすぐの子ヤギには必ず飲ませる必要がある。もし母ヤギが病気その他の事故で

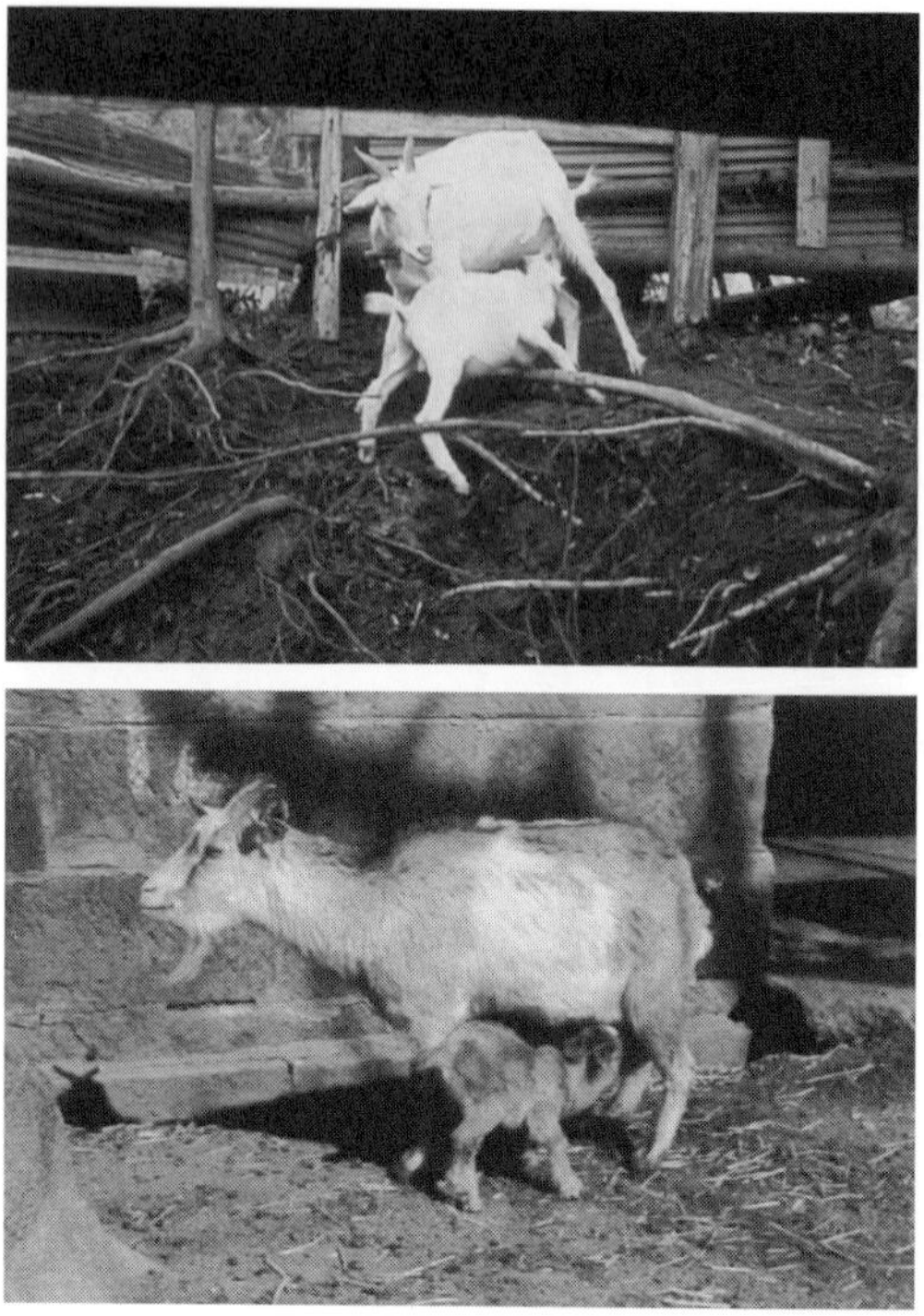

第25図　ヤギの哺乳
上：日本ザーネン種，下：トカラヤギ

初乳が得られないときは、同じ時期に分娩したほかの母ヤギの初乳を譲り受けるか、五〇〇ミリリットルの牛乳（市販のものでよい）にヒマシ油半さじと卵白一個分を混ぜて与え、敏速に処置しなければならない。

生後三～四日は舎内で母ヤギと静かに同居させ、その後は母ヤギと舎外に出して、自由に運動させ、日光に当てる。

③哺乳と離乳の方法

初乳期をすぎて、いよいよ本格的な哺乳管理に入る。その哺乳のやり方には、母ヤギに子ヤギをつけたまま行なう自然哺乳法と、母ヤギから離して搾乳した乳で哺乳する人工哺乳法とがある。肉用ヤギでは自然哺乳、乳用ヤギでは両方の方法がとられる。

自然哺乳法　肉用ヤギでとられている方法で、母ヤギと子ヤギを同居させて自由に哺乳させるだけで、特別の飼養管理は必要としない。しかし、下痢には注意を払い、子ヤギが下痢便をしたときは、一時母ヤギから離して哺乳を停止し、様子をみたほうがよい。子ヤギの発育につれて飼料の採食が増えるとともに、母ヤギの泌乳量はだんだん低下し、哺乳回数も徐々に減少して、約三カ月齢で自然離乳する。餌は母ヤギと同じものでよい。

乳用ヤギの自然離乳　あまり行なわれていない方法だが、泌乳能力のきわめて高いヤギを除き、生後一カ月間は子ヤギに全量を飲ませるようにして、搾乳する必要はない。生後一カ月くらいから、昼間は母子を離して子ヤギに十分な飼料を与え、その間の乳を搾乳して飲用にする。夜間は再び母子を同居させて自然哺乳させる。その後、しだいに母子の同居時間を短くして、消化のよい飼料を増やし、生後三カ月くらいで強制離乳する（体重一五〜二〇キロ）。

人工哺乳法　一般に乳用ヤギの人工哺乳法は、ヤギ乳を飲用として積極的に利用したいときにとられる方法。初乳期をすぎたら母子を離し、一日二〜三回に分けて搾った乳を、子ヤギの体重の約二〇パーセントを一日哺乳量として哺乳びんで与える。子牛のように代用乳に切り換える必要はない。もちろん残乳は飲用に利用できる。子ヤギの発育に応じて哺乳量を減らし、約三カ月齢で強制離乳する（二カ月離乳もある）。

自然離乳させる肉用ヤギは別として、乳用ヤギの飼育のうちで最もむずかしいのは、この離乳期だ。離乳の正否が子ヤギ育成の鍵を握るといっても過言ではない。飼料の急変を避け、徐々に母乳から一般飼料へと切り換え、一般飼料だけで育つ見込みがついた時点で、離乳させるのがこつだ。

④除角の要領

有角のヤギは飼養管理のときに危険で不便だと思う人は、人為的に除角したほうがよい。最も安全で簡単にできる時期は生後一～二週間だ。生まれた子ヤギにはまだ角が生えていないので、有角かどうかの判定は、頭部の被毛の渦のあるところを指で押さえて行ない、もし突起のようなものがあれば有角とみる。

まず、子ヤギをしっかりと保定して、角部の被毛を刈り、その部分を少量の水で湿らす。そこに棒状の苛性カリまたは苛性ソーダを約二センチ大の円形に、皮下組織を破って骨膜に達するまで擦り付け、角の基質を焼烙する。手術後は、その部分にホウ酸末を塗って中和しておくとよい。苛性カリ（ソーダ）は薬局で入手する。

このほか、牛と同じ焼ゴテ（電気ゴテ）による方法もある。これは、熱した焼きゴテを角部に押し当てて焼く方法だ。

除角は、自分でできない場合はできる人にお願いするか、獣医にお願いする。

⑤去勢の方法

牛の去勢若齢肥育とは異なり、雄ヤギの肥育は去勢しないままに行なうのが一般的だ。しかし、肉質向上と雄ヤギ特有の臭いを除くためには、去勢雄を用いたほうがよい。

去勢の時期は、成長するほど面倒になるので、生後二週間くらいのときが最もよい。

去勢には陰のうを切開して行なう観血法と、リングなどを用いて行なう無血法とがある。去勢用リングは市販されているので、それを入手して去勢を行なう。観血法は熟練が必要なため、獣医にお願いする。

六、肥育管理のポイント

(1) ヤギの成長と発達順序

肥育とは、肉を生産するために、成長の特定の段階で家畜を肥らせることだ。そのためにはまず、成長とは何かについての原理をよく知っておくことが大切になる。

第26図に示すように、ヤギの発育にも順序がある。まず、ヤギの生命にとって最も大切な神経系（脳、眼など）の発達が胎児期の初期に盛んに行なわれ、次いで、胎児期後半から出生期にかけて、発育の重点が骨格形成に移っていく。さらに、骨格形成の最盛期をすぎるころ、筋肉の形成に発育の重点が移る。発育中でこの期間が最も長く、次いで最終段階として脂肪の蓄積が行なわれ、ヤギの体は成熟期

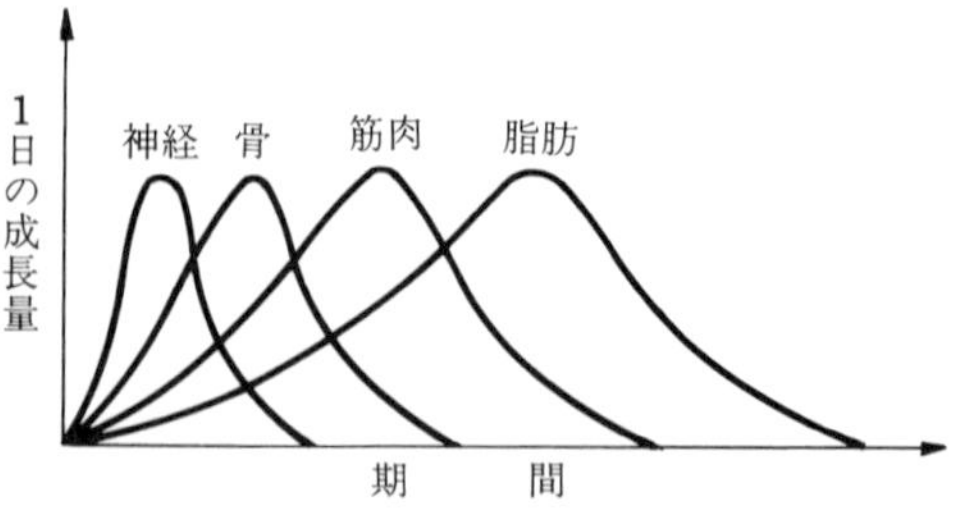

第26図　ヤギの各組織の発達順序

（鹿大農，1979）

増体量（kg）	1日当たり増体量（g）	発育速度（%）
28.1	138.4	222.2
26.1	128.6	224.3
20.9	129.8	216.1
25.0	132.3	220.9
10.0	49.3	176.9
17.1	84.0	216.4
16.1	78.9	212.6
14.4	70.7	202.2

を迎えることになる。

したがって、これらの発達順序の法則にもとづいた適切な栄養成分の補給が大切であり、これらの発達段階をいかに早く移行させ、筋肉の増体と脂肪の蓄積をいかに多くさせるかが、肥育のこつになる。

(2) ヤギの飼料効率と枝肉の特徴

①飼料効率は乳用ヤギが高い

肉用ヤギでは、自家利用が多いこともあって、日々の増体を記録しているところはほとんどなく、増体の成績

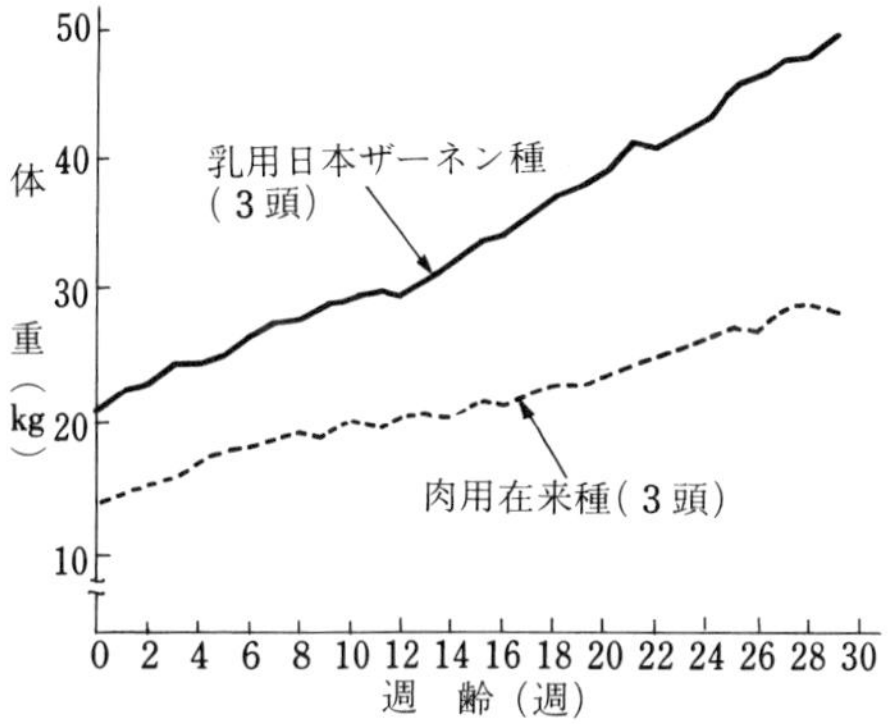

第27図　肥育ヤギの増体曲線　（鹿大農，1979）

第12表　ヤギの増体成績

品　種	個体番号	開始時		肥育期間（日）	終了時	
		月　齢	体重（kg）		月　齢	体重（kg）
乳用日本ザーネン種	1	8	23.0	203	15	51.1
	2	8	21.0	203	15	47.1
	3	8	18.0	161	14	38.9
	平均	8	20.7	189	14.7	45.7
肉用在来種	1	8	13.0	203	15	23.0
	2	8	14.6	203	15	31.6
	3	8	14.3	203	15	30.4
	平均	8	14.0	203	15	28.3

第13表　ヤギの飼料利用性　（鹿大農，1979）

品　種	個体番号	増体量（kg）	摂取量（DM） 野乾草（kg）	乳牛用配合（kg）	計（kg）	飼料要求率
乳用日本ザーネン種	1	28.1	62.8	127.4	190.2	6.76
	2	26.1	60.3	117.2	177.5	6.80
	3	20.9	48.2	83.4	131.6	6.30
	平均	25.0	57.1	109.3	166.4	6.62
肉用在来種	1	10.0	46.2	60.6	106.8	10.68
	2	17.1	45.4	81.6	127.0	7.42
	3	16.1	40.9	79.6	120.5	7.48
	平均	14.4	44.2	73.9	118.1	8.54

については現状ではよくわかっていない。そこで、一九七九年に、乳用日本ザーネン種と肉用在来種を用いて肥育試験を行なった鹿児島大学農学部の成績をもとに、以下におおよそを説明する。

乳用日本ザーネン種と肉用在来種のそれぞれ雄三頭を用いて、約八カ月齢から肥育を開始し、約七カ月間肥育して一五カ月齢で屠殺・解体した。与えた飼料は、野乾草（飽食）と乳牛用配合飼料（体重の二パーセントに制限）だけとした。その増体成績を第27図、第12表に示した。終了時の体重は乳用日本ザーネン種で四五・七キロ、肉用在来種で二八・三キロ、発育速度はそれぞれ二二〇・九パー

（鹿大農，1979）

体躯割合（筋肉の割合） 前　躯（%）	中　躯（%）	後　躯（%）
6.0	5.9	4.5
8.8	2.2	4.1
6.7	3.9	4.5
7.2	4.0	4.4
7.0	2.7	4.6
6.7	2.8	4.6
6.2	3.5	4.1
6.6	3.0	4.4

セント、二〇二・二パーセント、一日当たり増体量はそれぞれ一三二・三グラム、七〇・七グラムで、いずれも乳用日本ザーネン種の増体効果のほうがすぐれている。

一キロ増体するのに要した飼料摂取量を飼料要求率といい、それを乾物重量の割合で表示すると第13表のようになる。飼料要求率は乳用日本ザーネン種六・六二、肉用在来種八・五四と、乳用日本ザーネン種のほうが飼料の利用性が高く、肉用牛の飼料要求率（六・〇～六・五）とほとんど変わらない。したがって、飼料に対する肥育の効率は、肉用在来種よりも乳用日本ザーネン種のほうがよいことになる。

②ヤギ枝肉の特徴

屠殺成績は第14表のとおり。枝肉歩留まりは、乳用日本ザーネン種で四九・〇パーセント、肉用在来種で四六・〇パーセント、精肉歩留まりもそれぞれ三一・一パーセント、二

第14表　ヤギの屠体成績

品　　種	個体番号	枝肉重量（kg）	枝　肉 歩留り（%）	精　肉 歩留り（%）	骨（%）	脂肪（%）
乳用日本ザーネン種	1	26.0	52.2	32.7	9.3	12.2
	2	21.4	47.1	30.3	8.6	8.7
	3	17.2	47.8	30.2	12.3	9.4
	平均	21.5	49.0	31.1	10.1	10.1
肉　用　在　来　種	1	10.1	45.5	28.5	9.4	7.1
	2	14.4	47.7	28.2	9.8	11.1
	3	13.5	44.9	27.6	9.2	12.7
	平均	12.7	46.0	28.1	9.6	9.1

第15表　ヤギの枝肉歩留まりの平均値と標準偏差

（新城，1999）

性	頭数	屠殺体重（kg）	枝肉重量（kg）	枝肉割合（%）
雌	25	32.4±9.5	15.4±4.2	47.9±6.0
雄	32	32.2±7.5	17.0±4.1	53.1±7.6

注：沖縄県の屠場で調査したヤギの皮つき枝肉割合

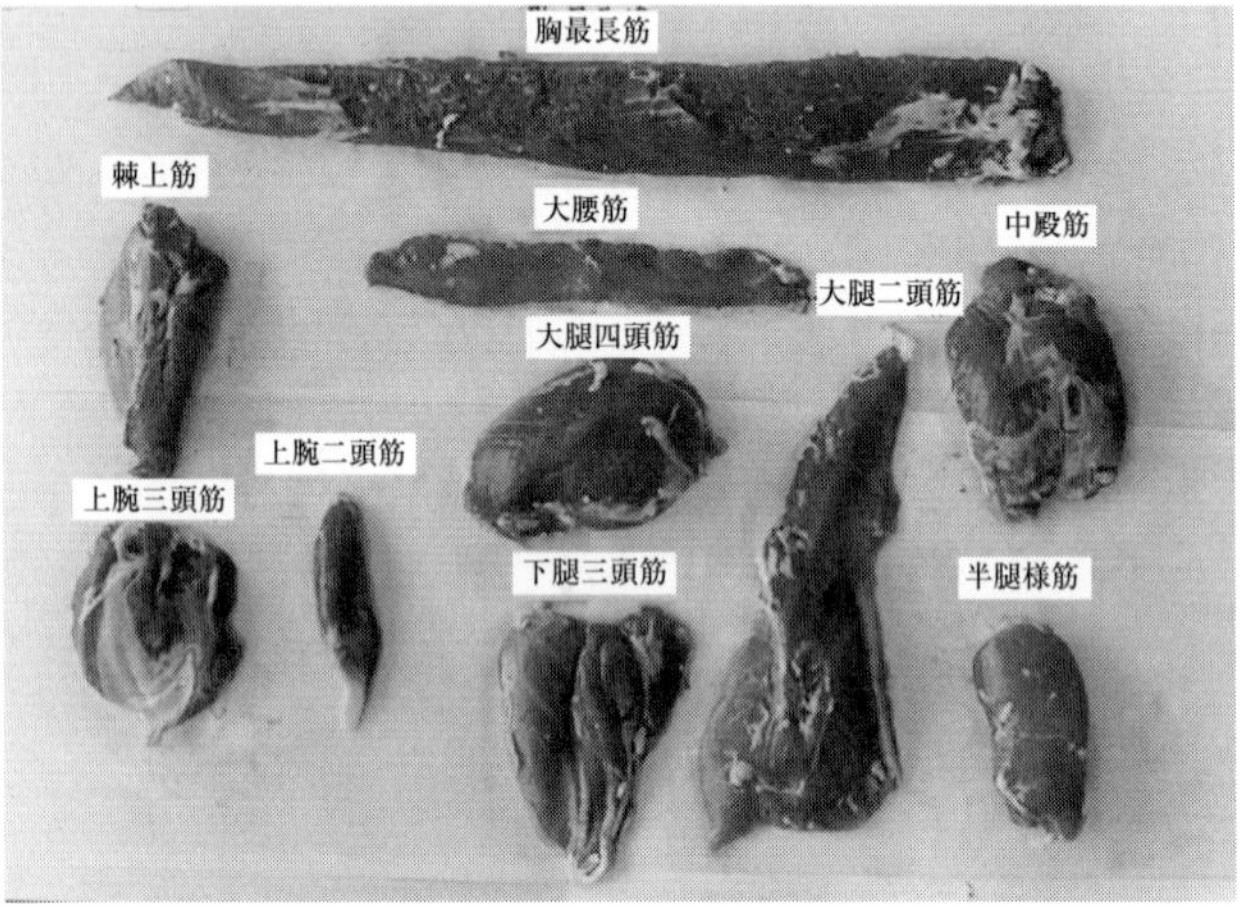

第28図　筋肉部位別のヤギ肉

八・一パーセントで、いずれも乳用日本ザーネン種がまさっている（沖縄県の屠場で調査された枝肉歩留まりを第15表に示す）。しかし、骨、脂肪の割合は、乳用日本ザーネン種のほうが少し多い傾向にある。肉用牛の枝肉歩留まり六〇～六五パーセントに比較すれば、ヤギの肥育効率はかなり劣るといえるだろう。また、ヤギの場合の特徴は、筋肉量が後躯よりも前躯に多く、特に首まわりの肉が多いことだ（第28図）。

なお、ヤギは皮下脂肪が薄く、

筋肉脂肪がよく発達しているが、ロース芯には脂肪交雑がほとんど認められない。

(3) 肥育ヤギの飼い方

①筋肉量を増やすことを重点に

以上のように、ヤギの肥育効果は改良の進んだ肉用牛に比べて全般的に劣るので、飼料費のかからない野草などの粗飼料を主体とした肥育を行ない、脂肪交雑よりも、あくまで筋肉量の増大に主眼をおくほうがよい。

肥育成績は、肉用在来種に比べると乳用日本ザーネン種が全般的にすぐれていることが明らかになり、この品種の肉利用の有利性が実証されたように思われる。ただ、消費地で郷土のヤギ肉料理として「白ヤギ（乳用ザーネン種系）よりも有色ヤギ（肉用在来種系）のほうがおいしい」という評判が根強くあるので、肉味のよさという点では、さらに両品種の比較検討が必要だろう。

②飼い方の実際――「若齢ヤギの強制育成」の考え方で

このように、肉用ヤギでは、和牛肥育のように脂肪交雑などの肉質にはあまり配慮する必要がなく、肥育はあくまで筋肉量の増加に主眼をおくので、「若齢ヤギの強制育成」と考えたほうがよい。そのた

第16表　ヤギの飼料と主な管理（沢柳，1979）

	飼　　料		主　な　管　理
春	ふすま	7kg	導入時の下痢を防ぐため
	子牛育成ペレット	20	①ふすま中心に給与
	乳牛用	2	②湿気を避けるため敷料の取替え
	青刈イタリアンライグラス	50～60	③粗飼料は一番草を給与
夏	肥育麦（後半）	10kg	暑さによる熱射病を防ぐため
	子牛育成ペレット	20	①日除け
	青刈イタリアンライグラス	50～60	②通風をよくする
	青刈トウモロコシ	〃	③腰麻痺予防用蚊取線香をたく
			④敷料の取替え
秋	肥育麦	20kg	仕上げ期なので
	子牛育成ペレット	25	①肥育麦増量
	青刈イタリアンライグラス	70～80	②腰麻痺予防と通風
	青刈トウモロコシ	〃	

注：長野県飯田市の北原一太郎さんの例。日本ザーネン種（肉の生産・販売），年間33頭出荷。

め、肥育ヤギの飼い方は、育成ヤギの飼い方と基本的には変わらない。

①日本在来種、雑種ヤギの肥育　生後三カ月で自然離乳した育成ヤギを、青草主体で育成・肥育し、約一二カ月齢で出荷・屠殺する。濃厚飼料はほとんど用いないので、野草や牧草を豊富に与えて強制育成する。雄は一般に去勢しない。出荷体重は、日本在来種で二〇キロ、雑種ヤギで三〇キロを目標とする。

②日本ザーネン種の肥育　生後二カ月で強制離乳した育成ヤギを四カ月間育成・肥育し、六カ月で出荷・屠殺する。出荷体重は三〇キロを目

標とする。青草や乾草などの粗飼料を不断給与し、フスマ、配合飼料などは制限給与する(体重の二パーセント)。濃厚飼料を多く与えると、尿結石症を併発するので注意が必要。

なお、ここに、長野県飯田市の北原一太郎さん（日本ザーネン種、出荷三三頭）の飼料給与例（一九七九年当時）を、第16表に示しておく。

(4) 屠殺依頼のしかた、枝肉まで

①自家用屠殺の手続き

ヤギは自家屠殺できるが、厚生省の定めるところにしたがって、獣医師の診断書を添え、屠殺申請の手続きを保健所を通じて行なわなければならない。申請手続き、費用については地域の保健所に相談する。

②屠殺・解体の方法

自家用屠殺の許可手続きを終えたら、屠殺前日は絶食させて内臓を空にしておく。屠殺は、耳の後ろ下部の頸動脈・頸静脈を切断して放血する（血液は肥料として使う場合は流さないで容器にとる）。全身の毛をわらなどで焼き、水洗いする（沖縄、奄美地方では一般に皮をむかない）。なお、皮をむ

く場合は体温が冷却しないうちに行なわないと、むきにくくなる。

その後、胸腹部を開いて内臓を除き、水洗いする。内臓も内容物を取り除いて、米ヌカなどでよくもんで、お湯で洗う。

解体は、背骨から分割して半丸の枝肉にし、各部位ごとにカットしていく。ヤギ汁にする場合は、肉を骨からはずさないで骨ごとぶった切る。

③屠場での解体法

屠場での屠殺方法は、放血後、ガスバーナーで全身を焼き、タワシで擦って毛を除く、この作業を三回繰り返すこと約三〇分、さらに全身をタワシで擦りながら水洗いし最後の仕上げをする。これに約一五分費やす。その後解体し、胃・腸ともに切開し内容物を出す。これら一連の作業に要する総時間は一時間一五分程度。

特に、刺身用には皮をほどよくキツネ色にバーナーで焼くことが大切で、経験が必要だ。

七、病気、障害と防ぎ方

(1) ヤギがかかりやすい病気と障害

元来、ヤギは強健であるうえ、大変がまん強い家畜だ。特に、重態になるまで病気の徴候を示さないので、いったん病状を示したときは手遅れのことが多い。したがって、つね日ごろヤギの健康状態に注意し、軽症の段階で早期発見に努めるようにする。

健康なヤギは皮膚・被毛に光沢があって、耳はつねに外界の刺激に対して敏感に動かし、眼は輝いて活気がある。鼻鏡は適度に湿り、食欲旺盛で絶えず反芻し、体温、呼吸、脈搏に変化がない。健康時の体温、呼吸数、脈搏数を第17表に示す。

ヤギは夏季の高温多湿に弱く、特に乳用ヤギでは、蚊の媒介で腰麻痺症にかかりやすい。そのため、防暑と蚊の防止対策など、夏の飼養管理には特に注意する。

ヒツジと同じように、ヤギは寄生虫による死亡率が高い。特に子ヤギでは注意する。そのため、寄生虫の検診と駆虫を定期的に行なう。

第17表　健康なヤギの生理的反応

ヤ　ギ	体温（℃）	脈搏数（回/分）	呼吸数（回/分）
成ヤギ	38.5～40.0	70～80	12～20
子ヤギ	39.0～41.0	100～130	15～20

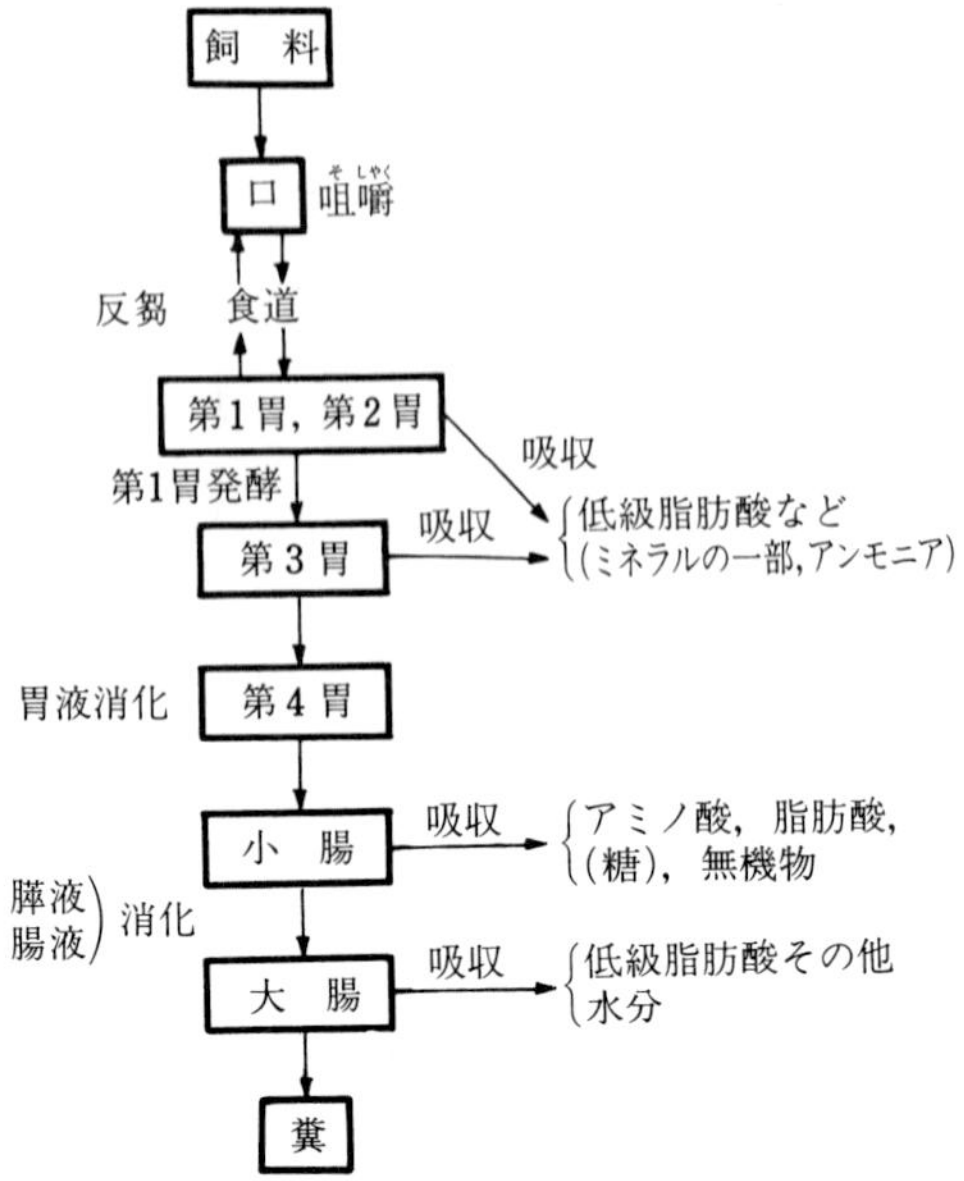

第29図　反芻動物の消化の過程
（大森による）

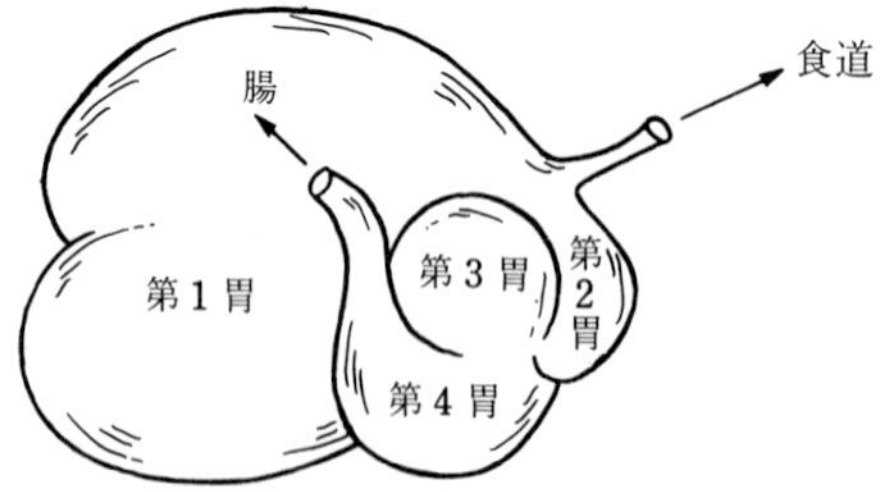

第30図　ヤギの胃（右側）

ヤギのかかりやすい病気には、消化管寄生虫症、蹄病、腰麻痺（脳脊髄糸状虫症）、乳房炎がある。

(2) ヤギの病気を防ぐチェックポイント

ヤギが病気や障害にかからないようにするには、どうしたらよいだろうか。それにはまず、「日ごろからヤギの健康な状態を把握し、ささいな異常に気づく観察力が必要」という、農林水産省家畜改良センターの白戸綾子さんの指摘を以下引用させていただく（『畜産の研究』第五三巻第四号。なお、最後の蹄病についても、白戸さんのご教示による）。

①基本は不適切な管理をしないこと

ヤギは……暑さ寒さに強く、寄生虫や病原菌に対しても抵抗性を持ち、何より飼料の利用性が高い。「白ヤギと黒ヤギが互いに出した手紙を食べてしまった」という童謡は、ヤギがなんでも食べることを強く印象づける。

しかし、そんなヤギでも不適切な飼養管理をした場合、不健康な状態、あるいは明らかに病的な状態になりうる。ヤギの飼養管理で大切なのは、第一に、反芻胃に適した十分な量の飼料を与えること、第二に、畜舎や放牧地などの居住空間をできるだけ乾燥状態に保つことである。この二点を実行するだけで、かなりの病気を未然に防ぐことができる。

②第一のポイントは十分な反芻

ヤギは四つの胃を持つ反芻家畜であり、第一胃内で増殖する微生物やその生成物を栄養源として利用している（第29、30図）。微生物が利用しやすい飼料を第一胃内へ送り込み、微生物の活動を変わりなく維持することが飼料給与の原則である。飼料の切り替えは徐々に行なうこと、一度に多量の濃厚飼料を給与しないこと、くつろいだ環境で十分な反芻をさせることなどが、ヤギの栄養摂取を効率よくする。栄養状態のよい個体が病気になりにくく、また回復力もすぐれるのは、日常経験するところである。

③第二のポイントは乾燥した環境

第二の乾燥状態の維持については、ヤギ自身が湿潤な状態を嫌う傾向があるとともに、細菌などの病原体は、一般的に乾燥状態では生存あるいは増殖することが困難だからである。寄生虫症を含めた伝染性疾病の発生において、湿潤な環境は病気の蔓延につながる。

④第三のポイントは観察力

さらに三番目の要点として、管理者のヤギに対する観察力をあげたい。もし、ヤギが不健康な状態、あるいは病気になったとき、できるだけ早期に発見し、必要な処置や治療を施すことが損失を小さくする。そのためには、日ごろからヤギの健康な状態を把握し、ささいな異常に気づく観察力が必要である。……事細かにみていくことと同じく、個体や群の全体像を直感的に把握し、異状に気づくことも必要である（第31図）。

目の動き：正常
目ヤニ：なし
涙：少量
角膜の濁り：なし
結膜の色：紅色
耳の動き：正常
耳だれ：なし
皮膚の弾力：あり
脱毛：なし
群行動：あり
姿勢：正常
歩様：正常
むくみ：なし
肉付き：適度
鼻鏡の湿り気：あり
鼻汁：なし
尾の動き：正常
体温：正常
尾の汚れ：なし
口の汚れ：なし
よだれ：なし
口臭：なし
排便：あり
便の色：正常
便の形状：ペレット状
便の光沢：あり
便の硬さ：適度
便の異物：なし
食欲：あり
反芻：あり
咳：なし
歯の欠落：なし
呼吸：正常
心拍：正常
排尿：あり
尿の色：淡黄色透明
尿の臭い：正常
左右乳房：均称
乳房・乳頭の色：正常
乳房・乳頭の張り：正常
乳房・乳頭の皮温：正常
乳房・乳頭の傷：なし
乳頭口：小さく円形
乳汁：正常
腹部の張り：適度
腹部の動き：あり
蹄の形状：正常
蹄の腫れ：なし

第31図　ヤギの体のチェックポイント　（白戸，1999）

(3) 鼓脹症

症状　左の腹部が太鼓腹にふくれ、呼吸困難におちいる。第一胃と二胃の収縮運動が止まり、反芻も停止する。結膜が充血し、脈搏は弱く、呼吸が早くなる。放置すると窒息死する。急性型と慢性型があり、特に急性鼓脹症は急死の恐れがある。

原因　第一胃内の飼料が異状発酵して多量に充満する病気で、腐敗発酵した飼料、マメ科植物の食べすぎ、春先の若草の多給などによって起こる。

治療　敏速に処置することが肝要で、まず胃内に充満したガスを抜くことに努める。そのために、腹部をよくマッサージするとともに、前

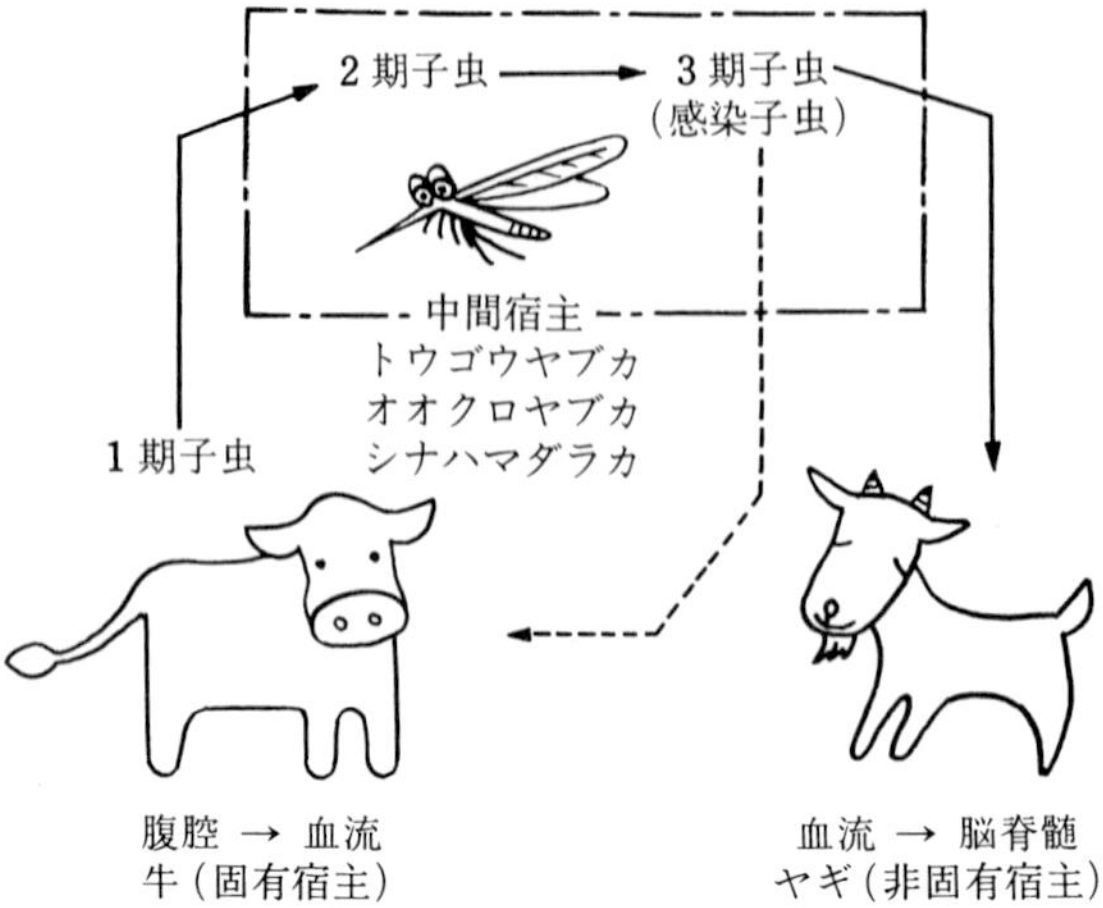

第32図　指状糸状虫の感染経路　　(白戸, 1999)

肢の位置を高くして、口の横から少量の水をビンで飲ませ、ガスを排気する。急性で重症なものには、最終手段として穿胃術を試みる。

(4) 有毒植物の採食

症状　元気がなく、反芻も停止し、口から泡を吹き出して、緑色の塊を吐き出すことが多い。食欲もなくなる。

原因　有毒植物を食べたことによる。主なものに、アセビ、トウゴマ、ネジキ、レンゲツツジ、キンポウゲ、キョウチクトウ、ミツマタ、ドクウツギ、ドクゼリ、ナンテン、シキミ、ヒナゲシ、ジャガイモの芽などがある。

治療　まず、毒物をできるだけ早く吐かせる。そのため、吐剤、下剤、利尿剤、強肝剤などを投与する。卵白、牛乳、ヤギ乳、灰汁などを飲ませると効果があるともいう。

(5) 腰麻痺（脳脊髄糸状虫症）

症状　主に後躯の麻痺をともなう運動の異状で、歩き方が不安定になる、起立が困難、前肢を突いただけの姿勢をとる、斜頸、起立不能を起こすなど、症状はさまざまに異なる。ヤギ、ヒツジ独特の難病で、梅雨後の夏～秋に多発する。肉用在来種、雑種ヤギには発生しない。

原因　牛に寄生する指状糸状虫の子虫（セタリヤ・ジキタータ）が、蚊の媒介でヤギに寄生し、脳脊髄に侵入して、その組織を刺激、破壊するために起こるといわれている（第32図）。潜伏期間は四週間。

治療　予防法は、蚊の侵入を防ぐこと、また七月から九月にかけて、一五～二〇日間隔でアンチモン剤やピペラジン剤を注射するのもよい。発症後は同様の薬剤を早く与えて、安静にする。

(6) 捻転胃虫などの寄生虫症

わが国は高温多湿で、ヤギが舎飼いのため、内部寄生虫の慢性的な害が非常に多く、軽視できない。したがって、それぞれの寄生虫に応じた駆虫剤を投与して、年二回は定期的に駆虫する必要がある。

①胃虫

胃虫のうちでも捻転胃虫（線虫）の害が最も多い。成虫は小型で、雄が一〇～二〇ミリ、雌が一八～三〇ミリ。雌虫は吸血性がある。症状は晩秋～冬に現われ、貧血、栄養障害をともない、特に子ヤギの死亡率が高い。駆虫には、フェノチアジン、一～二パーセントの硫酸銅と硫酸ニコチン混合液、亜砒酸ソーダと硫酸銅との混合液、四塩化エチレンなどが用いられる。

②条虫

幅の広い扁平・黄白色の虫で、環節ごとに雌雄両方の生殖器をそなえている。腸内に頭と数環節を残して、ほかは排泄されるが、再び頭から成長を始める。糞のなかに白色の片節がみえる。駆虫には砒素《ひそ》剤（テプダン）、カマラが有効といわれているが、最近ではプラジキュエンテール（商品名ドロンシト）の駆虫効果が高いと報告されている。

③腸結節虫

ヤギの寄生虫症のうち被害が最も大きいものの一つ。成虫は盲腸、結腸に多く寄生する。成虫は胃虫よりやや小さい、乳白色をした毛髪のような線虫で、雄が一二～一六ミリ、雌が一四～一八ミリの大きさ。吸血はしないが、腸粘膜に侵入するため、下痢を起こし、食欲不振、重症の場合は貧血をともなって死亡する。駆虫には、亜砒酸ソーダ、フェノチアジンが有効。

④コクシジウム

原虫で、子ヤギに多数発生すると下痢を起こし、発育停滞、衰弱して死亡する。ヤギを完全隔離して、サルファメサジンで駆虫する。

(7) 下痢症

症状 食欲がなく、反芻がゆるやかになる。下痢便は流動水様便、泥状便などいろいろあるが、重症になると糞に粘液や血液が混じることもある。ヤギにとって油断のならない恐るべき病気で、長びくと体力が減退し、死に至る。特に子ヤギは要注意。

原因 飼料の急変、変敗した飼料、過食、有毒植物、腸内寄生虫、また高温多湿などが主な原因になる。

治療 まず、原因がなんであるかを確かめる必要がある。胃腸障害の場合は、飼料を減らし、胃腸薬、下痢止め、木炭末を与える。症状によっては一～二日絶食させる。寄生虫による場合は、獣医師の指導を受けて、適切な駆虫剤を投与する。

(8) 肺 炎

症状 鼻汁を出し、短い咳をひんぱんにして、目やにを出す。高熱、食欲不振で、しだいに衰弱する。

原因 細菌性によるものが多く、子ヤギ、分娩後の母ヤギ、老ヤギに多発する。その他、投薬の失敗による誤えん性（誤って飲む）肺炎がある。

治療 ヤギをよく保温し、栄養のある飼料を十分に与え、体力の回復に努める。重態の場合には、ペニシリンなどの抵抗物質による治療法もある。

(9) 乳 房 炎

症状 乳房組織に炎症を生じ、はれて体温も上昇する。特に乳用ザーネン種に多発し、肉用在来種ではほとんど発生しない。

原因 搾乳のときに不潔にする、乳房に傷を受ける、生理的ストレスが重なることなどによって、細菌が乳房内に侵入して起こる。

治療　初期の場合には濃厚飼料を全廃し、ひんぱんに搾乳して悪質な乳汁を排出する。また、冷湿布を行なうとよい。重症の場合は抗生物質の投与が必要となる。

⑽　蹄　病

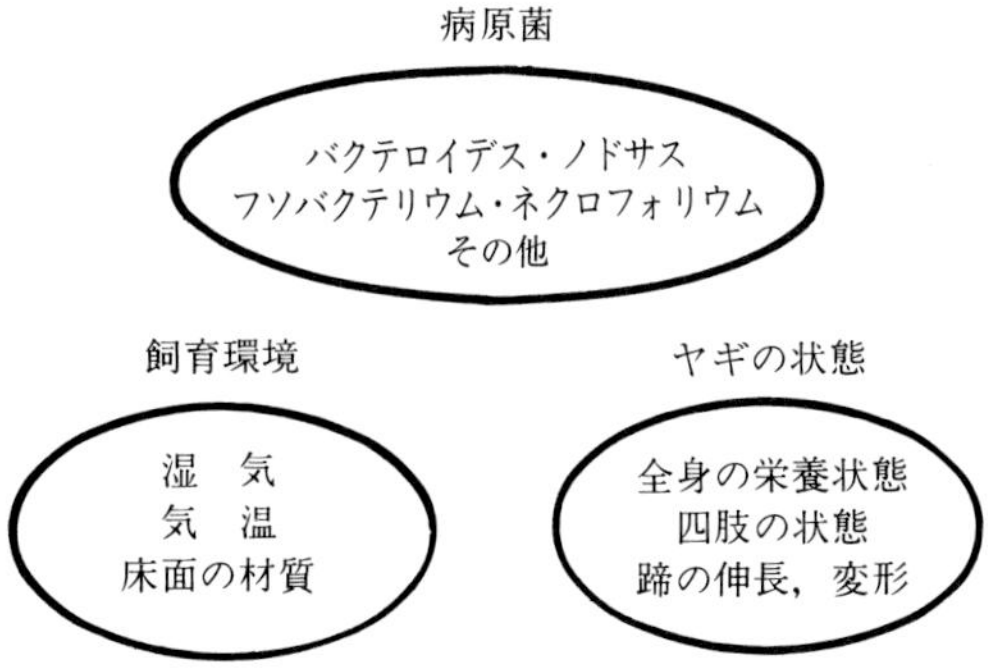

第33図　腐蹄症の発病要因　（白戸，1999）

原因　病原菌、湿った環境、ヤギの側の要因が一致したときに起こる（第33図）。単に蹄の外傷と考えることは間違いで、伝染性の病気とみなすべき。

治療　防止するためには、定期的に蹄切りをする、消毒薬で脚浴（脚を消毒液につける）をする、感染ヤギを隔離して治療する、放牧地や運動場が泥状になることを防止したり舗装したりすることが有効。腐蹄症の病原菌は、蹄の患部でだけ増殖し、野外では二週間ほどで死滅するといわれているので、蹄病のヤギがいた牧区の利用を一時停止すると、群全体への感染の広がりを防ぐことができる。

第四章

乳・肉の加工・販売

一、乳を使った調理・加工

(1) ヤギ乳の飲み方

ヤギ乳は濃厚で脂肪球も小さく、消化吸収もよいので、原乳のままでおいしく飲める。しかし、乳糖分が少ないので、砂糖や蜂蜜を加えて飲めば最高だ。また、コーヒーに入れてミルクコーヒーとしたり、レモンを添加したりしてもおいしい。暑い夏、冷蔵庫の冷たいヤギ乳を飲めば、のどを潤し、その味はまた格別。

病人や乳幼児に与える場合は、果物や野菜と一緒にミキ

第34図　市販のヤギミルク
上：アトピーに効く「あとぴんくん」(岩手県・川徳牧場)，下：「やぎみるく」(宮崎県・中村牧場)

サーにかけてジュースにすれば、栄養満点となる。

なお、ヤギ乳には結核菌がないので、そのまま安心して飲用できるが、冷却した乳をすぐに飲用にしないときは、加熱殺菌して冷蔵庫に入れて保管する。

(2) ヤギ乳・乳製品への利用

ヤギの生乳は自家用に消費される場合が多く、ヤギ乳の処理・販売量が最も多い時期であった一九五〇年でも、商品化率はわずか八・三パーセントにすぎなかった。生乳以外の利用もきわめて少ないが、ヤギ乳のチーズ製造と販売を試みる地域が一部で出てきている。

ヨーロッパ諸国では、一般家庭用に、練乳、バター、チーズ、カルピス、ヨーグルト、乳果などにけっこう利用されている。西、中央アジアの遊牧民にとっては、ヤギ乳は生活の必需品になっている。

家庭で簡単にできるアイスクリームとヨーグルトの作り方について、紹介しておく（日本緬羊協会『めん羊・山羊技術ガイドブック』より）。

①アイスクリーム

〈材料〉

ヤギ乳……………………1000㎖
生クリーム……………………500㎖
砂糖……………………120g
水飴……………………50g
卵黄（全卵でも可）……………4個
バニラエッセンス……………1〜2個

〈作り方〉

①ヤギ乳を鍋に入れ、八五℃まで加熱殺菌し、砂糖と水飴を加えて溶かす
②冷水でよく冷やす
③生クリームを十分攪拌し、泡立てる（ホイップ）
④冷やしておいたヤギ乳に卵黄を加えよく混ぜ合わせる
⑤これをホイップと混ぜて、バニラエッセンスを加える
⑥冷蔵庫で（〇〜四℃）冷やす。冷やす時間は、最低でも四時間ぐらい必要であり、できれば一二〜二四時間かけるとよい（ヤギ乳は、全固形分が少ないため長めに冷やす。脂肪分が固化し、材料が安定するため、泡立ちがよくなめらかに仕上がる）

⑦冷えた材料をアイスクリーマーにかけ四〇～五〇分でできあがり（アイスクリーマーがない場合は茶筒などに入れ、塩をかけた氷水で冷やし、ときどき凍った部分をそぎ落とすように混ぜ合わせることで代用できる）

＊好みにより抹茶、チョコレート、バナナなどを混ぜてみるのもよい。

②ヨーグルト

〈材料〉

ヤギ乳	800 ml
カルピス	400 ml
レモン	1個
寒天	8 g

〈作り方〉

①寒天八グラムに八〇〇～一二〇〇ミリリットルの水を入れ、湯せんで溶かす

②温めたヤギ乳、カルピス、レモンの絞り汁を溶けた寒天と混ぜ合わせ、冷蔵庫で冷やし固める

＊好みにより季節の果物を入れるのもよい。

第35図　沖縄のヤギ肉料理店

第36図　ヤギ汁のレトルトパック
沖縄県の業者が通信販売を行なっている

(3)　乳の臭いの消し方

ヤギの乳は周辺の臭いを吸収する性質が強く、ヤギの体臭、舎内の糞尿臭、あるいは飼料の臭い（特にサイレージ）を吸収しやすい。

そこで、搾乳を終えたら乳をただちに舎外に持ち出し、ゴミなどを取り除くため清潔なろ過布（フランネルなど）でろ過し、早めに冷却する。冷却は、乳の入った容器ごと冷水につけ、攪拌しながら行なうと、悪臭が温熱とともに空中に早く発散する。特に雄ヤギの体臭は強烈なので、雄ヤギを飼育している場合は、その近くで搾乳、処理はしないほうがよい。

二、肉を使った調理・加工

(1) 多彩なヤギ肉の利用

現在のヤギ飼養の目的は、主にヤギ肉生産だが、消費地は沖縄県を中心とする南西諸島にかぎられている。一九八八年現在、沖縄県のヤギ肉の年間消費頭数は約三万五〇〇〇頭、そのうち県内産が約一万五〇〇〇頭、輸入冷凍肉（オーストラリア産）が約一万頭で、残りの約一万頭が本土から移入されている。このうち輸入冷凍肉は風味がなく、奄美、沖縄の消費者の郷土料理としての嗜好に合わないため、今後の伸びはあまり期待できず、日本本土からの生体出荷が増加の一途をたどっている。

沖縄、奄美地方でのヤギ肉料理は、肉、脂肪、内臓などに血液を加えて汁がなくなるまでよく煮込み、味噌で味つけする、いわゆる伝統的なチーイリチャ、また骨、皮つきの肉を一口大に切り、なべに野菜と一緒に入れて煮るヤギ汁が代表的。

さらに最近では、鉄板焼きや刺身の需要も伸びている。また、保存用に塩蔵肉や風乾肉として利用する場合もある。

(2) 珍味・ヤギ肉料理

①ヤギ汁

骨皮つきの肉を一口大に切り、なべに入れてそのまま煮る(血液も一緒に入れることもある)。骨から肉が離れるくらい十分に煮込む。味つけは塩か味噌、臭気よけと調味のために泡盛、ヨモギ、ショウガなどを入れるのもよい。食べると体がよく温まる。

第37図　ヤギ汁

②刺　身

赤肉の部分を利用するが、特に腹壁の皮の柔らかい三枚肉の部分を薄切りにする。調味料として、ニンニク、味噌、しょうゆなど、それぞれの好みで食べる。刺身は泡盛のツマミに最適。

③チーイリチャ

肉、脂肪、内臓を細切りし、血液を加えて汁がなくなるまでよく煮る。味噌で味つけし、ごはんのおかずやツマミとする。

第38図　ヤギの焼肉

④内臓汁

煮えやすい胃、腸、肝臓などを早めに煮て食べる方法で、料理法はヤギ汁と同じ。

⑤鉄板焼き

牛肉と同じで、赤肉部を鉄板で焼き、たれにつけて食べる。ビールのツマミによい。

⑥ヤギ骨スープ

骨を大なべで水炊きする。沸騰したらこの汁を捨て、さらに水から煮込み、汁が白くなったら火を消し、塩を入れて飲む。こうすればヤギ臭もあまりしない。

(3) 保存肉のつくり方

①塩蔵肉

ヤギ肉に食塩をよくすりつけ、一昼夜放置し、塩蔵用のタルに味噌を平らにおき、その上に肉を並べ、肉と味噌を交互に重ねていく。最後にフタをして密封し、冷暗所におく。一週間後には味噌の風味がしみこみ、食べられる。

②風乾肉

ヤギ肉を長さ一〇〜二〇センチ、厚さ四〜五センチくらいに切り、ヤギ肉一キロにつき水二リットル、食塩二五〇グラム、砂糖一〇〇グラム、つぶしタマネギ三〇グラムの液中に三〜五日間漬ける。その後、取り出して液を布でよくふきとり、硫酸紙（ケージング）に巻いて両端を糸でしばり、風通しのよいところで陰干しにする。

第39図　沖縄の「闘山羊」
地元の人たちは娯楽として楽しんでいる

三、毛や皮の利用

ヤギの毛用種としては、モヘアを生産するアンゴラヤギやカシミヤヤギが代表的。ヤギ毛生産は南アフリカや中央アジア山岳地帯で盛んだが、それらの乾燥地域と東南アジアやわが国の湿潤地域とでは気候風土が異なるため、わが国ではヤギ毛生産は定着していない。

ヤギ皮はアジアだけで世界の七〇パーセントが生産され、肉生産と同様に中国、インド、パキスタンで多い。現在、東南アジアでは一万八一四三トンのヤギ皮が生産されているが、そのほとんどは肉利用した後の副産物で、自給的性格が強い。中央アジア山岳地帯や西アジアの遊牧民にとっては、衣類や食糧保存容器として生活上大切な資源になっている。

なお、毛や皮の利用ではないが、沖縄県では「闘山羊」といって、ヤギを娯楽として楽しむことも行なわれる（第39図）。

第五章

ヤギの歴史と世界の品種

一、世界と日本、家畜としての歴史

ヤギが家畜化されたのは、一万～一万二〇〇〇年前といわれる。長い間、人間とともに生きてきた。この人間の友だちのような、愛らしいヤギの歴史を少したどってみよう。ここでは、世界のヤギの歴史は、鹿児島大学農学部の中西良孝さんのまとめたものを載せることにする（『畜産の研究』第五三巻第三号）。

(1) 世界のヤギは西アジアから広まった

家畜ヤギの祖先種は、西アジアの山岳地帯に今でも生きている野生のベゾアールだ。これが、一万～一万二〇〇〇年前に家畜化されたと推定されている。その後、家畜化されたベゾアールは、遊牧民によって東と西に広められた（第40図）。

東へ向かった集団は、マルコール（らせん状にねじれた角を持つ）と交雑して、中央アジア、インド、モンゴル、あるいは中国の在来種の基礎となった。

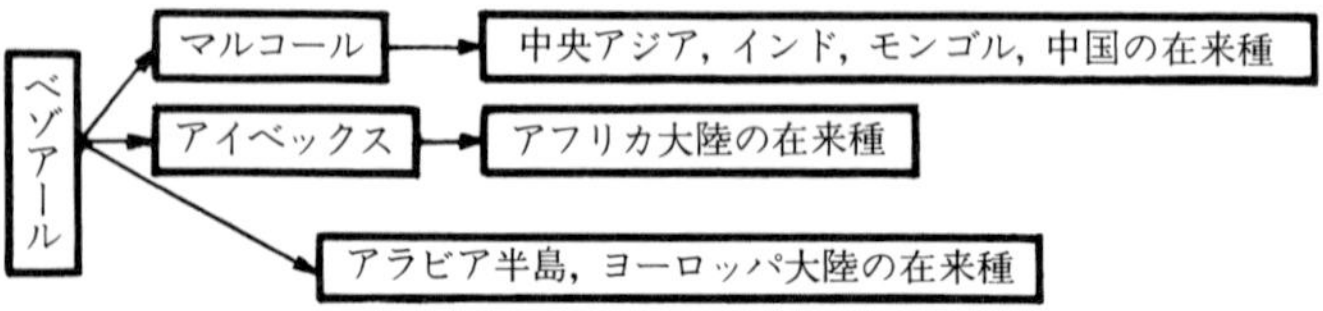

第40図　家畜化されたベゾアールヤギの世界各地への広がり
（野澤・西田より作成）（原図：中西，1999）

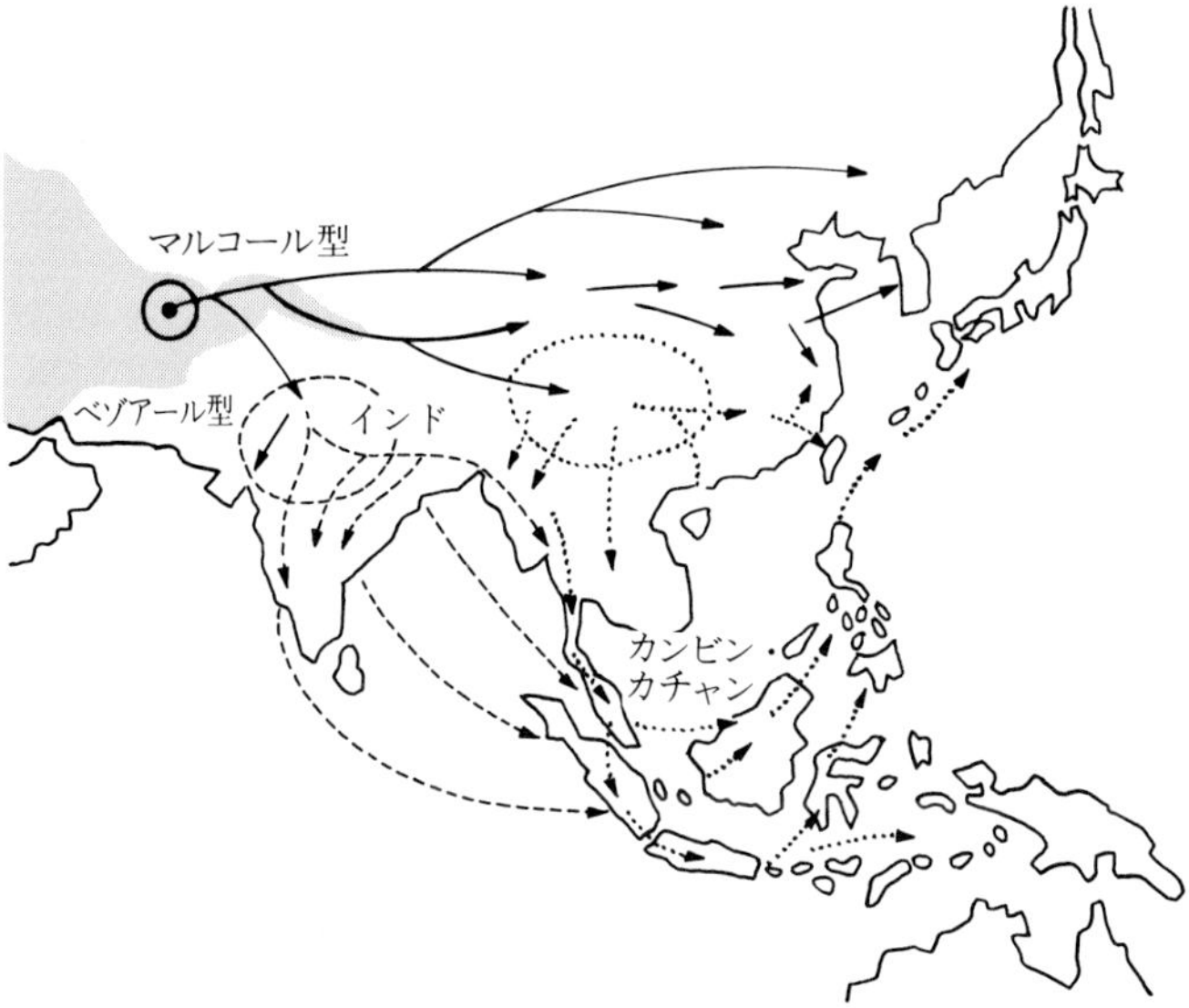

第41図　家畜化の中心地からヤギがアジア諸地域へ伝播した経路と想定図　（原図：中西，1999）
資料：野澤謙・西田隆雄『家畜と人間』出光書店，1981

一方、西へ向かったものは、アフリカ大陸、アラビア半島、あるいはヨーロッパ大陸の在来種の基礎となった。

このうち、アフリカ大陸へ向かったものは、途中でアイベックス（弓状で一定間隔の結節がある角を持つ）と交雑したと考えられている。また、東アジアへ伝播したヤギは、カンビン・カチャンと呼ばれ、毛の色によって二系統に大別される（第41図）。

カンビン・カチャンの一つは黒色の大陸型ヤギで、中国大陸南部、インドシナ半島北部、インド東部、韓国、台湾西部などに分布している。もう一つは褐色の島嶼《とうしょ》型のヤギで、東南アジア

第18表　世界のヤギ飼養頭数の推移　（単位：千頭）

	1989〜91年		1995年		1997年	
アフリカ	168,926	(29.4)	175,401	(27.4)	180,304	(25.6)
北・中央アメリカ	14,943	(2.6)	15,036	(2.3)	14,915	(2.1)
南アメリカ	22,179	(3.9)	23,403	(3.7)	22,787	(3.2)
アジア	345,272	(60.0)	407,055	(63.5)	466,282	(66.3)
ヨーロッパ	15,176	(2.6)	19,232	(3.0)	18,390	(2.6)
その他	8,737	(1.5)	844	(0.1)	710	(0.1)
合計	575,233	(100)	640,971	(100)	703,388	(100)

資料：FAO. Production Yearbook. Vol. 51. FAO. Rome. 195－197, 1998
注：（　）内の数値は世界総頭数に占める割合を示す

の島嶼地域、台湾東部、日本の南西諸島・五島列島などに分布している。台湾にはこの二つの系統が生息しているから、台湾は、二系統の交差地点だと考えられる（野澤・西田）。

そして、現在の家畜ヤギは、形態的にみると、ベゾアール型（ヨーロッパの乳用種、アフリカと東南アジアの小型肉用種）、サバンナ型（インドと西アジア乾燥地帯の毛用種）、それにジャムナパリ型（インドのジャムナパリ、アフリカのヌビアン）の三つに大別することができる。

今では、世界のヤギの飼養頭数は年々増加していて、一九九七年の総頭数は約七億頭で、その九五パーセントはアジア、アフリカ、南アメリカに分布している。アジアでは、中国、インド、パキスタン、バングラデシュ、イランの順に頭数が多い（第18〜20表）。

(2)　日本の乳用ヤギは洋種ヤギの輸入から始まった

日本に乳用の洋種ヤギが輸入されたのは、嘉永年間（一八四八〜

第19表　主な国のヤギ飼養頭数　（長野，1999）

国	1996年（1,000頭）	世界（%）	96年/79～81年	96年/89～91年
			倍	倍
米国	1,960	0.293	1.42	1.05
バングラデシュ	30,330	4.539	2.87	1.45
中国	149,908	22.434	1.91	1.57
インド	120,270	17.999	1.47	1.08
インドネシア	12,777	1.912	1.64	1.14
韓国	700	0.105	3.37	2.94
マレーシア	312	0.047	−	0.93
モンゴル	8,521	1.275	−	1.76
ネパール	5,649	0.845	−	1.06
フィリピン	2,826	0.423	1.78	1.30
パキスタン	43,767	6.550	1.67	1.23
サウジアラビア	4,400	0.658	−	1.28
フランス	1,069	0.160	0.93	0.89
ギリシャ	6,220	0.931	1.35	1.24
イタリア	1,457	0.218	1.47	1.16
オランダ	50	0.007	2.50	1.11
ドイツ	89	0.013	1.01	1.13
スペイン	2,465	0.369	1.16	0.71
フィジー	211	0.032	−	1.20
ニュージーランド	337	0.050	5.91	0.33
オーストラリア	232	0.035	1.32	0.41
日本	31	0.005	0.47	0.86

第20表　世界各地域でのヤギ乳の生産量

地　域	ヤギ乳生産量（万t）	割　合（%）
アフリカ	149.4	21
北・中央アメリカ	21.8	3
南アメリカ	13.2	2
アジア	321.8	46
ヨーロッパ	150.4	21
ソビエト	50.0	7
世界全体	706.6	100

資料：FAO. Production Yearbook. Vol. 26，1972

一八五四年）にペリー提督が来朝した際に飲用として携帯したのが始まりとされている。その後、明治十一（一八七八）年に松方正義が、フランスから乳用ヤギを輸入した記録があるが、当時はまだ一般にはかえりみられなかった。

明治三十九（一九〇六）年に、当時の搾乳業者の愛光舎（東京）、明進会（京都）がスイスからザーネン種を、四十二年には坂川牧場（東京）がトッゲンブルグ種を輸入して、ヤギ乳の販売を始めた。これによって、乳用ヤギの飼育に対する関心がようやく高まり始めた。しかし、当初の乳用ヤギの飼育は、東京、京都、大阪などの大都市での搾乳専業形態として発展し、かぎられた都市住民へ栄養食を供給するという性格が強かった。

やがて、都市周辺の農家にも普及し始める。この時期には、ヤギ乳の利用の奨励策として、政府もスイス、イギリスから多数のザーネン種を輸入したから、乳用ヤギへの関心が全国的に高まり、大正、昭和初期を通じて乳用ヤギの飼育は一種のブームをみるようになった。飼養する地帯も都市から農村へ移り、長野県、群馬県などは先駆的役割を果たした。

さらに、日華事変（一九三七〜一九四二年）から第二次世界大戦（一九四二〜一九四五年）にかけて、飼料不足によって濃厚飼料に依存する家畜が激減したが、食糧増産の必要性から、乳用ヤギの飼育は飼料の自給と生産物の自家消費に適した畜産の形態として発展した。その結果、昭和元（一九二六）年には二万五四三四頭、十年に九万八四五頭、十九年に二二万六三九二頭というように、飼養頭数は戦争の最中にも増加の一途だった。

戦後になると、自給食糧の資源として、ヤギ乳の生産は真価を発揮した。「有畜農家特別措置法」の制定など、政府の奨励策もあって、昭和三十二（一九五七）年には飼養戸数は約六一万戸、飼養頭数は六六万九二〇〇頭に達した。これは、総農家戸数に対する飼養戸数の割合が約一割という、驚くような普及ぶりだ。この間に、輸入ザーネン種と日本在来ヤギ（肉用）との累代交雑が進み、昭和二十四（一九四九）年には日本山羊登録協会が設立されて、日本の乳用ヤギは改良乳用種といわれる日本ザーネン種が主流になった（第21表）。

乳用ヤギが明治の末期から昭和三十年代の前半まで、このように急増した要因はなんだろうか。①健康食と食生活の改善ということからヤギ乳が歓迎され、農家はもちろん都市住民にまで広く普及したこと、②農業経営的にみて、自家用飼料源の有効利用と厩肥生産の意味から、ヤギの飼育が農村に歓迎されたこと、③家畜のなかでは小柄なヤギは、日本人の体格にぴったりで、老人、婦人、子供にも飼いやすい動物であったこと、などが考えられる。

しかし、ヤギ乳の販売量が最も多かったと思われる昭和二十五（一九五〇）年でも、商品化率は全量の八・三パーセントにすぎなかった（第22表）。牛乳が一〇〇パーセント近く商品化しているのに比べ

第21表　都道府県別ヤギ飼養の推移

年　次	1957（32）		1975（50）		1987（62）		1997（9）	
	戸数	頭数	戸数	頭数	戸数	頭数	戸数	頭数
北海道	19,250	21,720	340	460	110	670	40	350
青　森	8,000	8,730	300	390	110	170	20	60
岩　手	15,570	17,210	3,260	3,750	820	820	280	670
宮　城	12,390	13,180	1,330	1,540	110	550	10	40
秋　田	15,320	16,330	540	620	270	320	40	70
山　形	22,540	23,350	4,590	5,510	980	120	40	60
福　島	22,110	25,210	5,000	5,540	640	860	110	280
茨　城	23,030	25,380	1,870	2,090	240	720	110	640
栃　木	14,840	15,630	610	680	90	150	10	60
群　馬	31,710	31,110	4,530	5,190	930	130	270	580
埼　玉	19,700	21,280	470	580	160	210	20	30
千　葉	5,520	6,030	480	530	70	100	30	90
東　京	4,070	5,000	130	220	50	210	30	140
神奈川	6,360	7,000	350	440	100	180	10	50
新　潟	24,680	25,690	1,470	1,690	110	140	20	100
富　山	4,580	5,200	90	120	10	40	10	10
石　川	5,520	5,980	30	30	10	20	0	10
福　井	2,850	3,060	30	40	10	50	10	10
山　梨	15,300	16,720	1,860	2,040	180	230	30	90
長　野	57,970	60,710	16,800	18,500	2,740	3,820	370	960
岐　阜	22,050	24,290	370	450	70	100	10	20
静　岡	18,600	19,800	540	620	170	250	20	100
愛　知	23,430	25,000	970	1,170	140	170	60	140
三　重	11,570	12,130	220	240	10	20	0	×
滋　賀	9,870	9,900	20	30	10	30	0	×
京　都	5,120	5,260	90	90	10	40	10	30
大　阪	580	810	10	10	0	20	—	—
兵　庫	9,680	10,120	70	80	20	40	0	×
奈　良	1,830	2,060	20	30	0	10	—	—

年　次	1957（32）		1975（50）		1987（62）		1997（9）	
	戸数	頭数	戸数	頭数	戸数	頭数	戸数	頭数
和歌山	4,700	5,910	40	50	10	30	10	10
鳥　取	6,750	7,210	1,250	1,300	120	120	20	20
島　根	13,950	14,510	500	530	80	80	0	×
岡　山	17,710	20,010	980	1,040	70	80	10	50
広　島	22,570	24,820	430	470	60	110	10	10
山　口	9,390	10,000	440	510	100	150	20	40
徳　島	1,810	5,380	350	370	80	90	—	—
香　川	8,180	8,470	270	350	20	50	10	20
愛　媛	11,610	16,030	490	590	70	100	10	20
高　知	14,460	14,890	260	360	30	40	0	×
福　岡	12,170	13,570	450	510	30	1,540	0	×
佐　賀	6,370	7,000	440	490	70	80	10	220
長　崎	5,750	11,050	480	830	240	810	90	310
熊　本	14,700	16,760	570	700	70	760	10	3,020
大　分	12,900	14,430	590	820	100	140	10	30
宮　崎	6,630	7,800	310	330	60	120	10	140
鹿児島	8,450	10,130	2,500	6,590	1,840	6,130	1,310	5,700
沖　縄			10,500	42,300	5,470	24,900	2,180	13,800
全国計	605,440	669,200	87,230	110,800	16,700	47,600	5,280	28,500

資料：農林水産省「畜産統計」（農林水産統計速報）
注：「—」は事実のないもの，「0」は数が単位に満たないもの，「×」は公表しないもの

れば、ヤギ乳は自給的性格が強かったといえるだろう。

その後、食糧事情がよくなり、昭和三十六（一九六一）年に農業基本法が制定されて以降は、畜産の近代化による牛、豚、鶏の多頭飼育が奨励された。そのため、自給的性格の強い乳用ヤギの飼育頭数は、昭和三十五年の四七万八三三頭から五十三年の四万一一九頭へ激減して、乳用ヤギの経営は急速に衰退していった。

第22表　ヤギ乳の生産量と商品化量（1950年）

（単位：kg）

乳	全生産量	市乳量	加工量	その他
ヤギ乳	54,720 (100)	2,340 (4.3)	2,160 (4.0)	50,220 (91.7)
牛　乳	371,340 (100)	140,040 (37.7)	230,580 (62.1)	720 (0.2)

注：（　）は%

(3) 日本の肉用ヤギのルーツ

日本列島には野生ヤギが生息していた形跡がなく、日本にいつのころ、どのようなルートで、肉用ヤギが渡来したかは明らかでない。

しかし、西アジア地方で家畜化されたヤギは、文明の広がりとともに東へ進み、中国大陸と東南アジアの二つの経路で、七〇〇～八〇〇年ごろわが国に初めて渡来したと推定される。特に中国、朝鮮、東南アジア諸国との交易が早くから行なわれた九州、沖縄近辺の島々には、早くから輸入され、南京ヤギ、柴ヤギ、トカラヤギ、ヤクヤギと呼ばれる小型の在来ヤギが飼育されるようになって、食肉用にされた。

特に沖縄では、ヤギをヒージャー（子供がこのようにいう）と呼び、古くから親しまれ、子守歌にも歌われるほど愛玩された。

明治期になると、肉用在来ヤギの飼養頭数は徐々に増え始める。明治三十二（一八九九）年の統計では、ヤギの総飼育数五万八六九四頭のうち、沖縄、鹿児島、長崎の三県だけで五万七一〇八頭（九七・三パーセント）も飼われ、現地を中心に消費されていた。明治末期から昭和初期にかけて、肉用ヤギの飼養頭数は増加の一途をたどる。大正元（一九一二）年に九万四九四一頭、昭和元（一九二六）年に一五万三六五五頭に急増した。

その後、日華事変から第二次世界大戦にかけて、激戦地になった沖縄本土の影響を受けて、肉用ヤギの飼育頭数は一時減少した。しかし戦後になると、自給食料源としてヤギ肉生産は再び増え、昭和三十二年には一一万三六八二頭にまで復活した。

このようにして肉用在来ヤギは、小型で濃厚飼料をまったく与えなくてもよかったので、農家に広く普及した。沖縄や奄美地域を中心に、ほとんどの農家が数頭のヤギを飼い、子供や若者たちの現物貯蓄（ワタクシ）としても重宝がられた。なお、第二次世界大戦後は、ヤギ肉の消費の伸びに対応して肉量の増大をはかり、産肉性の改良を進める目的で、本土から日本ザーネン種が積極的に導入された。こうして、小型の肉用在来ヤギとの交雑が進んで大型化し、戦後のヤギ肉生産は戦前の小型在来

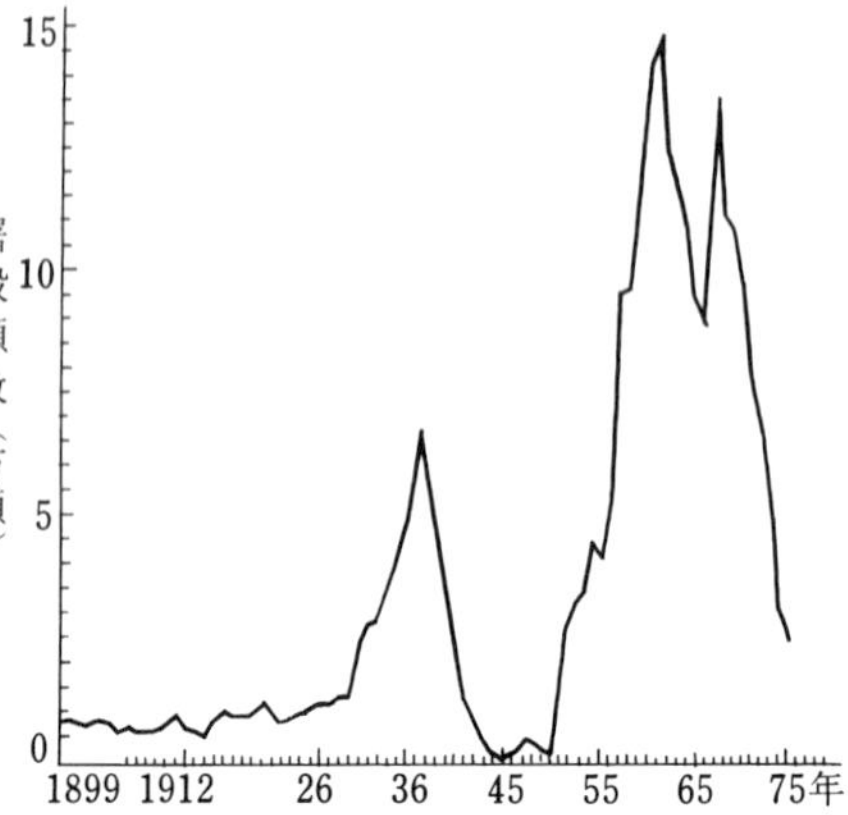

第42図　ヤギの肉用屠殺頭数の変遷

ヤギから、大型の雑種ヤギに変わることになる。

しかし、昭和三十六（一九六一）年以降の畜産の近代化にともなって、乳用ヤギの場合と同じように、自給的性格の強い肉用ヤギの飼養頭数は、昭和三十五年の九万一〇七頭から昭和五十三（一九七八）年の三万八三八一頭へ減少した。

二、世界と日本、多様な品種

現在、世界中でヤギの品種は約二一六種で、このうちアジアで品種の数が多い国は、中国が四三種、パキスタンが二五種、インドが二〇種、インドネシアが一〇種、それにネパールが七種だといわれている。

(1) 肉用種

ヤギは世界各地で肉用にも利用されているが、肉用としての品種を明確に分類した記述は見あたらない。ここでは、わが国で実際に肉用に利用されているものについて記述する。

①日本在来種（Japanese Native Goat）

沖縄、鹿児島、長崎県などの九州西南部に古くから飼育されてきたもので、その地方によってトカラヤギ（第43図）、シバヤギ（第44図）などとも呼ばれている。日本在来種の由来は明らかでないが、約七〇〇〜八〇〇年ころに交易のあった中国、韓国、東南アジアから日本に渡来したものと推定される。

体格は小型で、体重は雌が二〇〜二五キロ、雄が二五〜三五キロ。体質が強健で粗放な管理によく耐えて、腰麻痺に対する抵抗力も強い。繁殖力は旺盛で周年繁殖をするから、一年二産も可能だ。毛色は黒、褐、茶、白など種々雑多で、角、副乳頭を持ち、肉髯《にくぜん》（あごからぶら下がっている肉塊で、肉垂《にくすい》ともいう）はない。泌乳期間は九〇日で、乳量は二五〜一〇〇キロと少ない。

日本在来種は古くから肉用にされてきたが、明治以降、ザーネン種との交雑が進み、純粋種が激減して、現在では沖縄、トカラ、五島列島の一部に残っているにすぎない。

第43図　トカラヤギの雄（左）と雌（右）（鹿児島大学農学部）

第44図　シバヤギの雄（左）と雌（右）

②日本ザーネン種

（Japanese Saanen）

一九七五年以降に、沖縄、奄美の消費地で肉用ヤギが不足して、本土の乳用ヤギ地帯の日本ザーネン種が出荷・屠殺され、経済価値を高めている。出荷頭数も年々増加の一途をたどっている。したがって、現在では日本ザーネン種は、乳用種というより肉用種の性格を強めている。特徴については乳用種の項を参照。

③在来系雑種

主に日本在来種と日本ザーネン種の交雑種で、体格は在来種より大きく、両種の中間タイプを示す。体重は雌で三〇キロ前後。被毛は白色が多く、角、肉髯を持つものが多い。体質が強健で、腰麻痺にも強く、飼いやすい。
現在、沖縄、奄美諸島で飼育されている肉用ヤギは、在来系雑種が大半を占めている。

④その他の品種

以上の品種のほかに、世界には次のような肉用品種がいるという（『畜産の研究』第五三巻第三号）。

ボーア　南アフリカ原産で、南アフリカ、中央アメリカなどで飼育されている（第45図）。有角がほとんどで、顔面は凸隆し、耳が垂れている。体重は九〇〜一三〇キロ、平均日増体量は〇・一五〜〇・一七キロ。性成熟が早く、周年繁殖することで二年三産も可能で、双子率も高い。

スパニッシュ　スペイン原産で、中央アメリカで飼育されている。毛は黒色または褐色で、有角と無角がある。体重は三五〜五〇キロとやや小柄で、脂肪分の少ない赤身肉を生産することから、国によっては乳肉兼用種とされている。

クリオーロ　スペイン原産で、中央、南アメリカで主に飼育されている。毛の色には白、黒、褐の組合わせがあって、多様。鼻面はまっすぐで、耳はわずかに垂れ、有角。体重は三〇〜四五キロになる。パストレノは、クリオーロ種のなかで最大のヤギで、伝統的な塩漬け干し肉を生産するために、メキシコ南部で放牧肥育されている。

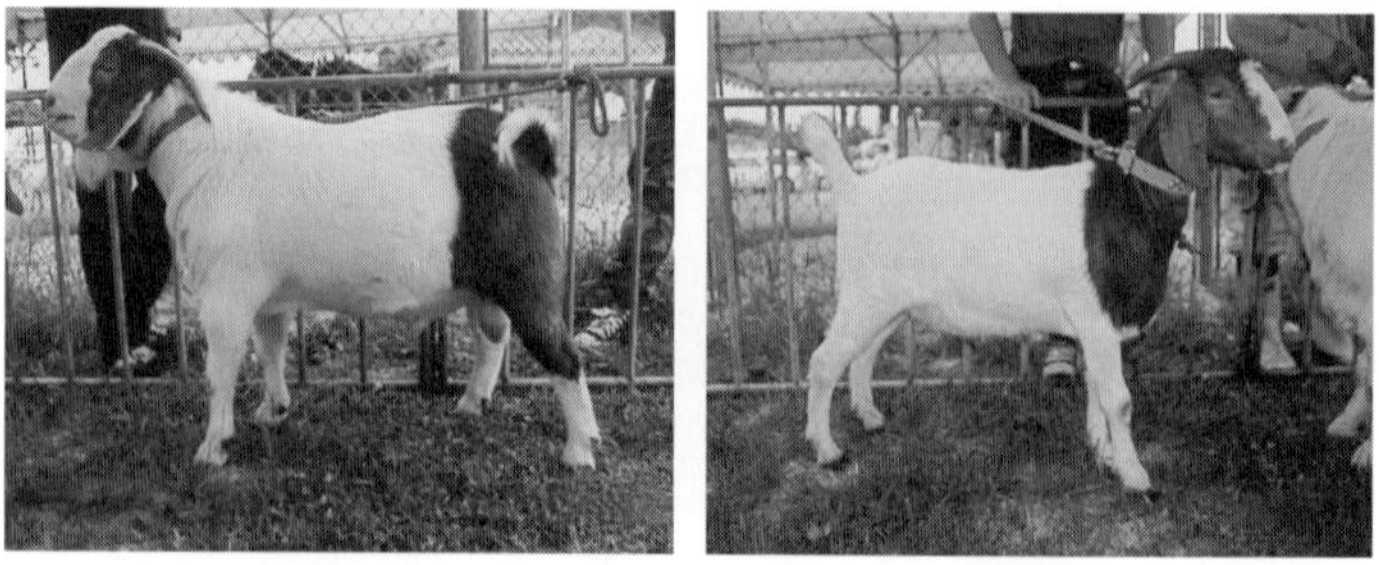

第45図　ボーアの雄（左）と雌（右）（沖縄県）

カンビン・カチャン（マメ山羊）　西アジアから東南アジアへ伝播したベゾアール型肉用ヤギの一つで、タイ、マレーシア、インドネシア、フィリピン、台湾などで飼育されている。大陸型（黒色）と島嶼型（褐色）があり、毛に白斑や黒い背線を持つものもある。有角で肉髯はなく、体重は二〇～四〇キロと小柄。腰麻痺に対する抵抗力を持ち、周年繁殖をすることができる。

韓国在来種黒山羊　カンビン・カチャンから派生したと考えられており、韓国の各地で飼育されている（第46図）。毛の色はほとんど黒一色（八〇パーセント以上）だが、暗褐色もある。有角で肉髯はなく、体重は一五～二〇キロになる。腰麻痺抵抗性を持つ。

(2) 乳用種

①ザーネン種（Saanen）

世界の最も代表的な品種。ザーネンという名前は、スイスのベルン県ザーネン谷が原産地だからだ。現在、世界各国で広く飼育され、特にスイス、フランス、ドイツ、イギリス、ベルギーなどに多い。わが国には一九〇六（明治三十九）年に初めて輸入され、日本ザーネン種の成立の基礎となった。

毛の色は白色で、雌の体型は乳用種特有のくさび型をして、頭はやや長めで額は広く、角はないものを原則とする。雌雄ともに毛髯《もうぜん》（あごひげ）を持つが、肉髯はあるものとないものがある。体重は雌で五〇～六〇キロ、雄で七〇～九〇キロ。泌乳能力は、泌乳期間二七〇～三五〇日で、泌乳量が五〇〇～一〇〇〇キロ。優秀なものは最盛期に一日四～六キロ泌乳する。舎飼いに適し、早熟。性質は温順で、気候風土に対する適応性も大きいが、湿気と暑さには弱いといわれる。

第46図　韓国在来種黒山羊

②日本ザーネン種（Japanese Saanen）

わが国で古くから飼育されていた肉用の日本在来種に、輸入ザーネン種を累進交雑することでつくり出された（第47図）。初めは乳用改良種と呼ばれていたが、一九四九（昭和二十四）年に日本山羊登録協会が設立されて、日本ザーネン種と命名された。現在、日本の乳用ヤギの大半を占め、各地で飼育されている。

第47図　日本ザーネン種の雄（左）と雌（右）

毛の色は白色で、優良なものは体格、能力などがザーネン種と大差がないが、一般には体格が小さく、能力も劣る。泌乳能力は、泌乳期間一五〇～二五〇日で、泌乳量が三〇〇～五〇〇キロ程度のものが多い。

現在、沖縄、奄美地方で、肉用家畜としての価値を高めつつある。

③ブリティッシュ・ザーネン種（British Saanen）

一九二〇年代の初めに、イギリスで、在来種にザーネン種を累進交配してつくり出された品種。体格はザーネン種より大きく、体毛はより白く短く、顔のラインもよりまっすぐしている。泌乳期間は三六五日で、乳量も一〇〇〇～二〇〇〇キロと多い。欧米各国やわが国に輸出され、乳用ヤギの改良に貢献した。

④トッゲンブルグ種（Toggenburg）

スイスのトッゲンブルグ谷の原産のため、この名がある。乳用種として世界各地に普及し、特にスイス、イギリス、北アメリカ、カナダなどに多く飼育されている。日本には一九〇九（明治四十二）年に初めて輸入されたが普及せず、現在ではほとんど姿をみない。

毛の色は褐色またはチョコレート色で、鼻梁の両側、鼻、耳のまわり、四肢などが白いのが特徴。無角で、毛髯、肉髯を持つ。ザーネン種よりやや小型で、体重は雌で四五～五〇キロ、雄で六〇～八〇キロ。泌乳能力はザーネン種よりやや劣り、泌乳期間二四〇～二七五日で、泌乳量が六〇〇～七〇〇キロを示す。強健で、環境に対する適応性も大きい。

⑤ブリティッシュ・トッゲンブルグ種（British Toggenburg）

一九二〇年代に、イギリスで、在来種にトッゲンブルグ種を交配してつくり出された品種。体格はトッゲンブルグよりも大きく、体毛はトッゲンブルグ種特有の淡黄褐色からチョコレート様褐色と変化に富んでいる。顔のラインはトッゲンブルグ種よりも、より直線的。泌乳期間は三六五日で、乳量も一〇〇〇～一五〇〇キロと多い。

⑥アルパイン種（Alpine）

スイスとフランスのアルプス地方に広く飼育されている在来ヤギの総称（第48図）。毛の色は白、褐、

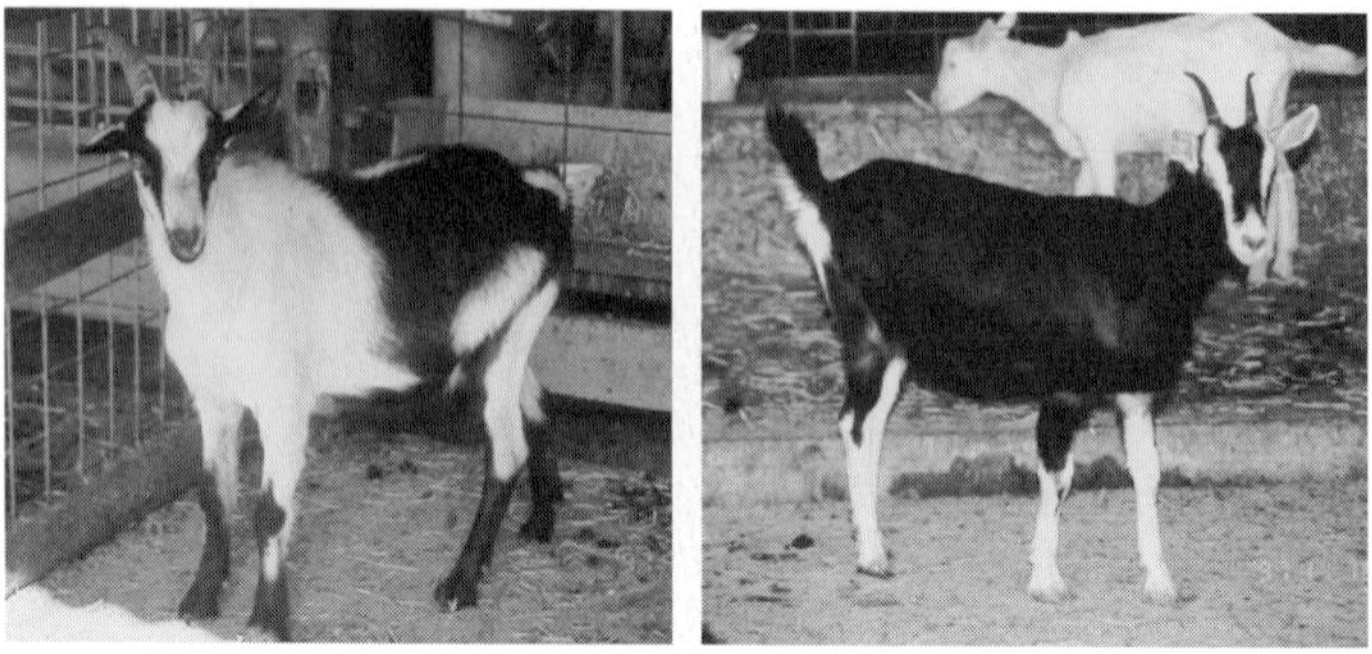

第48図　アルパイン種の雄（左）と雌（右）
（中村牧場〈山之口町〉）

灰、黒など、さまざまある。体質が強健で、山岳地帯に適している。これをイギリスに導入して改良されたのがブリティッシュ・アルパイン種で、毛の色は黒、顔の両側、耳の周囲、四肢は白く、体型は優美な乳用型をしている。

⑦ブリティッシュ・アルパイン種（British Alpine）

イギリスでアルパイン系のヤギから改良され、一九二六年に品種として公認された。優美な乳用型を持ち、体毛は黒色で白色のスイスマーキングを持つ。泌乳期間は三六五日で、乳量は一〇〇〇～一五〇〇キロと多い。

⑧ヌビアン種（Nubian）

アフリカ東部のヌビア地方の原産で、在来のアイベックスとほかの乳用種との交配でつくり出されたもの（第49図）。現在、南北アフリカ、ヨーロッパ各地に広く飼育されている。毛の色は栗毛、白、灰、黒など多種あり、頭は頭額が突出し、長く大きな垂れた耳を持つ。乳脂率が高く、粗放な飼育管理に耐え、暖地に適する。

⑨アングロ・ヌビアン種（Anglo Nubian）

イギリスで在来種にヌビアンを交配して改良され、一九一〇年に品種として公認された。体毛は黒色、クリーム色、白色あるいはまだら模様のものと、変化に富んでいる。泌乳期間は三六五日で、乳量は一〇〇〇キロ。

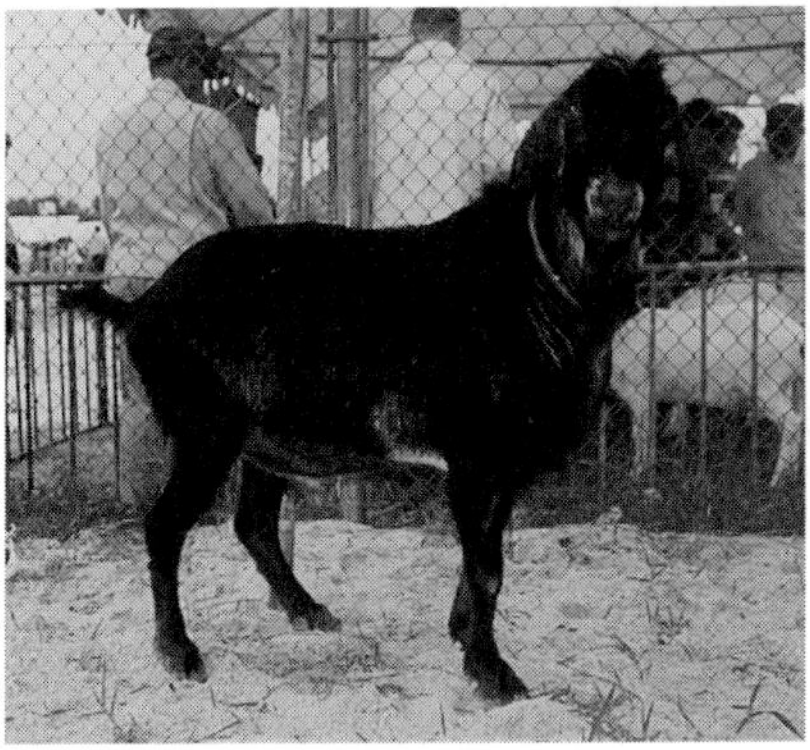
第49図　ヌビアン種の雄

このほかの乳用種には、マルタ種（マルタ島）、シャモアーゼ種（スイス）、ジャムナパリ（インド、東南アジア）などがある。

(3)　毛・皮用種

①アンゴラ種（Angora）

小アジアの黒海南地方にあるアンゴラ地方の原産（第50図）。体形は小さく、垂れ耳で、雌雄ともに外側に向かうらせん状の角を持つ。全身が白色で絹糸状の光沢のある被毛におおわれているため、その毛はモヘアと呼ばれて尊重され、独特な織物にされる。

②カシミヤ（Cashmere）

チベットのヒマラヤ山脈・カシミヤ地方の原産。アンゴラ種とチベットの在来ヤギとの交配によってつくり出されたとみられている。毛の色は白、茶、黒など多種あるが、白色が多い。頭と四肢を除く全身が長さ二〇～四〇センチの長い毛でおおわれ、その毛の下に生えている柔らかい毛は絹状の光沢を持つカシミヤと呼ばれて、高価なショールや織物に加工される。耐寒性が強く、粗放な管理に耐えるが、暖地や低湿地には向かない。

第50図　アンゴラ種

付録　ヤギの管理・飼料給与・衛生カレンダー

1～2頭では問題にならないが，5～10頭以上の飼養頭数で参考に飼養しているヤギ群に適したスケジュールを組むことが必要である。

カレンダー

3月	4月	5月	6月	7月	8月	備考
――――――	――――――	―― 搾乳期	――――――	――――――	――――――	
（泌乳最盛期）						
		<放牧開始>				
		乳房炎，乳質検査（毎月1回）				
	放牧準備（牧柵点検・毒草除去）					
	削蹄	馴致放牧		削蹄		
		畜舎消毒		畜舎消毒		
・哺乳 ――	離乳	馴致放牧	〜〜〜	放　牧	〜〜〜	
初乳5日間給与・保温・さい帯消毒						

カレンダー

	3月	4月	5月	6月	7月	8月	備考
娩 ――	――――	―― 搾乳期	――――	――――	――――		
開始）	（泌乳最盛期）						
	1.5	1.3	1.0		0.8		
	3.0	1.5	1.5		1.5		
		3.0	5.0		4.0		
	3.82	2.97	3.10		2.74		
	0.33	0.32	0.33		0.27		
	2.40	1.98	2.04		1.76		
	1.7	0.8					
	0.1	0.3	0.35	0.3	0.2		
		0.05	0.1	0.2	0.4	0.5	
	0.1	0.2	0.3	0.4	0.7	0.8	
			0.2	0.4	0.5	0.7	

備考

養分含量

	DM	CP	TDN
*濃厚飼料	0.865	0.15	0.70
*乾牧草	0.842	0.035	0.45
*青牧草	0.195	0.025	0.13

搾乳ヤギ必要養分量

*維持飼料
体重（60kg）当たり

DM	CP	TDN
1.506	0.06	0.591

*生産飼料
乳量（F%4.0）1kg当たり

DM	CP	TDN
0.515	0.05	0.281

2）飼料給与量は給与ロス10～20%程度を見込んだ数値である
粗蛋白質量，TDN：飼料中に含まれる可消化養分総量を示す

●乳用ヤギの飼養管理と衛生対策について，季節ごとの要点を示した。
していただきたい。自然条件や品種によって時期のずれが生じるので，

ヤギの管理

区分	9月	10月	11月	12月	1月	2月
ステージ	──── 搾乳期 ──── (交配期)			〜〜〜 乾乳期	〜〜 (妊娠末期)	分娩 (搾乳開始)
飼養管理	放牧（青草）		＜放牧終了＞	舎	飼	い
搾乳関係	─ 乳房炎・乳質検査（月１回）──			乾乳	搾乳準備	搾乳開始
一般管理	発情チェック	剪蹄 畜舎消毒		妊娠ヤギ追い運動	剪蹄 分娩準備 分娩房消毒	
子ヤギ関係	〜〜 放牧 〜〜	種付開始				────

資料：㈳日本緬羊協会『めん羊・山羊技術ガイドブック』より

ヤギ飼料給与

区 分		9月	10月	11月	12月	1月	2月
ステージ		──── 搾乳期 ────	(交配期)	〜〜 (乾乳)	乾乳期	〜〜〜 (妊娠末期)	分 (搾乳
搾乳ヤギの飼料給与例（kg）	濃厚飼料	0.4	0.3	0.3		0.8	
	乾牧草	1.5	2.0	2.0		2.0	
	青牧草	3.0	2.0				
搾乳ヤギの給与飼料中に含まれる養分量（kg）	D M	2.19	2.33	1.94		2.38	
	C P	0.19	0.17	0.12		0.19	
	T D N	1.35	1.37	1.11		1.46	
子雌ヤギの飼料給与例（kg）	ヤギ乳						1.5
	人工乳						0.01
	濃厚飼料	0.60	0.62	0.62	0.9		
	乾牧草	1.0	1.5	2.0	2.5		
	青牧草	0.7	0.8				

注：１）飼養標準は乳用ヤギの飼養標準（斎藤氏による）を使用した
　　３）DM：飼料中の水分を差し引いた乾物量，CP：飼料中に含まれる
資料：㈳日本緬羊協会『めん羊・山羊技術ガイドブック』より

ヤギの衛生カレンダー

	ステージ		飼養管理	衛生対策	注意すべき病気
1月	乾乳期	舎飼期	分娩・搾乳準備	削蹄（年4回） 畜舎消毒（年3～4回）	流産 膣脱 ケトーシス
2月	分娩		搾乳開始 子ヤギの管理 さい帯の消毒 初乳摂取の確認 哺乳	乳質検査（年1回）	母ヤギ：難産 後産停滞 乳熱 産褥熱 食滞 子ヤギ：胃腸炎 肺炎
3月	搾乳期				
4月			放牧準備 放柵点検 有毒植物の除去	線虫駆除 外寄生虫駆除	乳房炎
5月		放牧期	離乳 放牧開始	放牧馴致	鼓脹症 植物中毒
6月				条虫駆除 腰麻痺予防	
7月					日射病・熱射病 腰麻痺（～10月）
8月					
9月			交配		繁殖障害
10月					
11月		舎飼期	放牧終了 乾乳		乳房炎
12月	乾乳期		妊娠ヤギの追い運動		

資料：㈳日本緬羊協会『めん羊・山羊技術ガイドブック』より

著者紹介

萬田　正治（まんだ　まさはる）

1942年，佐賀県鳥栖市生まれ，福岡県北九州市育ち。1969年，東北大学大学院農学研究科中途退学後，東北大学農学部助手，酪農大学講師を経て，1976年より鹿児島大学農学部助教授，教授。

30年にわたりヤギの研究・普及に努め，現在，全国山羊ネットワーク世話人。ほかに，全国合鴨水稲会代表世話人，九州農文協代表。著者は『畜産全書　第6巻』（農文協），『新編畜産大辞典』（養賢堂），『最新畜産学』（養賢堂）など（すべて共著）。

—お問い合わせ先—

〒890－0065　鹿児島県鹿児島市郡元１－21－24

鹿児島大学農学部　萬田正治

電話（FAX）099−285−8591

電子メール　manda@bio2.agri.kagoshima-u.ac.jp

新特産シリーズ

ヤ　ギ

取り入れ方と飼い方
乳肉毛皮の利用と除草の効果

2000年１月31日　第１刷発行
2022年11月15日　第13刷発行

著者　萬田正治

発行所　一般社団法人　農山漁村文化協会
郵便番号　170-8668　東京都港区赤坂7丁目6-1
電話　03（3585）1142（営業）　03（3585）1147（編集）
FAX　03（3589）1387　振替　00120（3）144478
URL　https://www.ruralnet.or.jp/

ISBN978-4-540-99137-0　印刷／　文昇堂
〈検印廃止〉　製本／根本製本